기어의 진동소음

Gear vibration and noise

박찬일 지음

도서출판 홍릉

저자소개

박찬일

서울대학교 기계설계학과 학사, 석사, 박사
현대자동차㈜ 마북리 연구소 선임 연구원
University of Colorado (Boulder, USA) 방문 연구원
University of Michigan (Ann Arbor, USA) Post Doc.
Ohio State University (Columbus, USA) 방문 교수
Georgia Institute of Technology (Atlanta, USA) 방문 교수
대한기계학회 63대 회장
한국소음진동공학회 Fellow 회원
강릉원주대학교 기계공학과 교수

기어의 진동소음

Gear vibration and noise

인 쇄 : 2023년 12월 15일 초판 1쇄
발 행 : 2023년 12월 20일 초판 1쇄

저 자 : 박찬일
발행인 : 송 준
발행처 : 도서출판 홍릉
주 소 : 01093 서울시 강북구 인수봉로 50길 10
등 록 : 1976년 10월 21일 제5-66호

전 화 : 02-999-2274~5, 903-7037
팩 스 : 02-905-6729
e-mail : hongpub@hongpub.co.kr
http://www.hongpub.co.kr
ISBN : 979-11-5600-154-6(93550)

정 가 : 25,000원

PREFACE

저자가 기어를 처음 배우기 시작한 것은 기계요소설계를 통해서였다. 당시에 학부 지도 교수이셨던 정선모 교수님은 졸업논문 주제로 기어 펌프를 주셔서 관련 논문을 찾아보니 대부분 일본 논문이었다. 홍릉의 연구소에서 관련 일본 논문을 복사하여, 그 많은 일본 논문을 아버님이 모두 번역해 주셨고, 그것을 정리해서 학부 논문으로 제출한 것이 또 하나의 기어 관련 인연이었다. 그 후 현대 자동차 마북리 연구소에 들어가서 변속기 개발을 담당하면서 기어 설계 담당자에게 기어 설계를, 기어 제작 담당자에게 기어 제작을 배웠다. 또한 미국, 일본 퇴역 기술자에게 기어를 배우고, 콜로라도 대학의 서정하 박사님에게 기어 강의를 들으면서 나중에 은퇴할 시점에 본인도 다른 나라에 가서 기어를 가르칠 기회가 있으면 좋겠다고 생각했다. 현대 자동차에서 변속기 담당이어서 변속기 개발의 문제점을 해결하고자 이장무 교수님의 지도로 기어계의 하중 전달 및 진동 특성이란 주제로 박사 논문을 취득하였다.

그 후 대학교로 직장을 옮겨 다른 주제를 연구할까 생각도 했으나 주변 여건상 기어 연구에 남아있는 것이 낫다고 생각하여 31년을 기어를 학생에게 가르치고 연구를 해왔다. 비록 충분하지는 않지만 이제 결과를 정리해야 할 시점에 와있다. 책 제목은 기어의 진동소음으로 하였지만 스퍼 기어와 헬리컬 기어를 대상으로 전반부에 기어의 기본적인 기하학적인 이론과 응력을 포함하고, 기어의 진동소음을 하기 위한 자료를 후반부에 기술하였다. 책을 집필을 시작한 것은 4년 전이어서 생각보다 많은 시간이 걸렸다. 집필 중 수식을 검토하면서 시중에 나와 있는 책이 틀린 것이 많아 확인하는 과정에서 배운 것도 많았다. 이제 저자가 연구한 것의 반은 정리한 것 같다. 더 필요하다고 생각하면 연구의 나머지 반도 정리할 예정이다. 저의 아버님을 비롯하여 지금까지 기어 공부에 도움을 주신 분들과 책을 집필하는 과정을 도와준 실험실 학생들에게 고맙게 생각합니다. 끝으로 이 책이 기어를 공부할 분들에게 좀 더 쉽게 기어 공부를 하는데 도움이 되었으면 합니다.

2023년 12월

박찬일

CONTENTS

CHAPTER 01 기어 역사와 용도

1.1 기어의 역사 3
1.2 기어의 용도 5

CHAPTER 02 인벌류트 표준 스퍼 기어

2.1 인벌류트 곡선 11
2.2 인벌류트 외접 스퍼 기어의 물림의 기하학적 관계 12
2.3 인벌류트 스퍼 기어의 성질 14
2.4 인벌류트 치형의 가공 17
2.5 인벌류트 스퍼 기어의 치형 곡선 18
2.6 치형의 매개 함수 표시 24

CHAPTER 03 인벌류트 전위 스퍼 기어

3.1 인벌류트 스퍼 기어의 일반 방정식 31
3.2 전위 스퍼 기어의 관계식 33
3.3 전위 계수의 결정 35
3.4 전위 계수 및 중심거리의 한도 37

CHAPTER

04 스퍼 기어의 하중

4.1 마찰을 고려하지 않은 스퍼 기어의 하중 41
4.2 기어의 마찰력 43
4.3 마찰을 고려한 하중 해석 45
4.4 기어 이의 마찰 계수 47
4.5 수치예제 51

CHAPTER

05 헬리컬 기어

5.1 헬리컬 기어의 곡면과 치형 표시 56
5.2 표준 헬리컬 기어 설계 59
5.3 전위 헬리컬 기어 설계 60
5.4 헬리컬 기어의 물림률 62
5.5 헬리컬 기어의 하중 65

CHAPTER

06 기어응력

6.1 기어의 굽힘응력 73
6.2 동하중 효과 74
6.3 접촉응력 75
6.4 AGMA 응력 식 78

6.5 AGMA 강도공식 79
6.6 스코링(scoring) 강도 91
6.7 기어응력의 유한요소해석 93

CHAPTER 07 치형 수정

7.1 치선 수정의 양 100
7.2 치선 수정의 범위 101
7.3 리드 수정 102
7.4 치의 오차 모델링 103
7.5 축의 변형과 치의 오차의 관계 106
7.6 최적 치형 수정의 설계 107

CHAPTER 08 전달 오차

8.1 전달 오차의 정의 112
8.2 전달 오차에 영향을 주는 요인 113
8.3 전달 오차의 종류 115
8.4 정적 전달 오차(Static Transmission Error) 해석 115
8.5 동적 전달 오차(Dynamic Transmission Error) 해석 117
8.6 전달 오차의 주파수 영역 120

CHAPTER

09 기어와 베어링 강성 해석

9.1 스퍼 기어의 강성 해석 124

9.2 헬리컬 기어의 강성 해석 131

9.3 구름 베어링의 강성 해석 135

CHAPTER

10 진동 해석

10.1 기어 진동소음의 주요 주파수와 원인 141

10.2 기어 진동의 모델 144

10.3 기어의 편심 진동 149

10.4 헬리컬 기어의 12자유도계 모델 151

10.5 시간 영역의 강제 진동 수치 해석 154

10.6 모드 벡터의 강제 진동 해석 156

10.7 기어계의 모드 해석 157

10.8 모드 해석 수치 예제 159

10.9 강제 진동 해석 160

CHAPTER

11 전달 오차 및 진동의 측정

11.1 전달 오차의 측정 166

11.2 진동의 측정 170

CHAPTER

12 소음 해석

12.1 소음 해석 모델 178

12.2 축방향 가진을 위한 헬리컬 기어의 전달행렬 178

12.3 헬리컬 기어계의 적용 180

12.4 헬리컬 기어계 조화 주파수를 가진 원형 플레이트의 음압 183

12.5 기어 박스의 음향 해석 184

12.6 래틀 소음 184

12.7 음향 민감도 해석 186

CHAPTER 01

기어 역사와 용도

기어는 사람에 의해 사용된 가장 중요한 기계 중의 하나이며, 회전하는 두 축 사이에 운동과 동력을 전달하고 회전 방향과 속도를 변경하는 역할을 한다. 기어는 우리가 손에 차는 시계나 벽시계 뿐만 아니라 자동차, 기차, 선박, 비행기, 헬리콥터에서 엔진의 동력을 전달하여 바퀴나 혹은 프로펠러를 돌리기 위해 사용된다. 또한 장난감, 복사기, 팩스기, 로봇 감속기, 풍력발전기에 사용하는 등 그 용도가 다양하다.

기어는 기어가 설치되는 축의 위치에 따라 두 축이 서로 평행할 때 평행축 기어(parallel-axis gearing), 축이 서로 교차할 때 교차축 기어(intersected-axis gearing), 위의 두 경우가 아닌 축이 엇갈릴 때 엇갈림축 기어(crossed-axis gearing)로 분류된다. 평행축 기어는 스퍼 기어, 헬리컬 기어, 내접 기어가 있고, 교차축 기어는 베벨 기어, 엇갈림축에서는 웜기어, 나사 기어, 하이포이드 기어 등이 포함된다. 또한 기어치의 물림이 외접할 때 외접기어(external gear), 내접할 때 내접 기어(internal gear)로 분류하기도 하고, 원통에 치를 만들면 원통 기어로 분류하고 스퍼 기어, 헬리컬 기어, 더블 헬리컬 기어, 나사 기어를 총칭한다. 그림 1.1(a)은 스퍼 기어, 그림 1.1(b)는 헬리컬 기어이고, 평행축 기어, 외접 기어로 분류된다. 그림 1.1(c)는 교차축 기어인 직선 베벨 기어이고, 그림 1.1(d)는 엇갈림축 기어인 웜 기어이다. 그림 1.1(e)는 평행축 기어인 스퍼 외접 기어이고, 그림 1.1(f)는 스퍼 내접 기어이다.

이 책에서는 가장 많이 사용되는 원통 기어인 스퍼 기어와 헬리컬 기어를 대상으로 기어 이론을 기술한다. 먼저 이 장에서는 기어의 역사와 용도를 살펴본다.

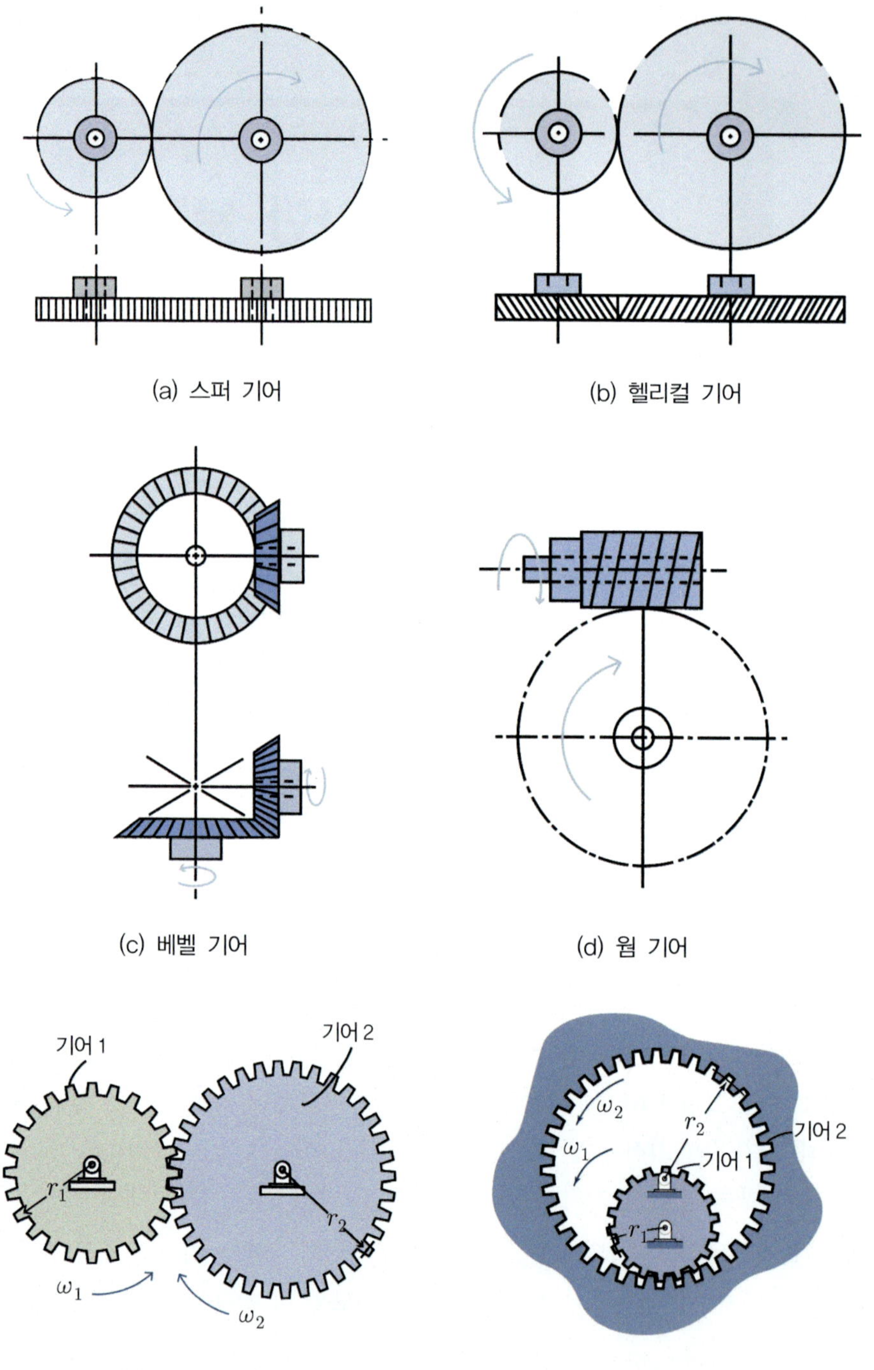
(a) 스퍼 기어
(b) 헬리컬 기어
(c) 베벨 기어
(d) 웜 기어
기어 1
기어 2
r_1
r_2
ω_1
ω_2
(e) 스퍼 외접 기어
ω_2
r_2
기어 2
ω_1
기어 1
r_1
(f) 스퍼 내접 기어

| 그림 1.1 | 기어의 형태 [(1)]

1.1 기어의 역사 [2,3]

기어가 현재와 같이 정확한 치형을 가진 치는 아니지만 치를 가진 형태로서 매우 오래전부터 사용되었다. 기어를 사용한 가장 오래된 기계는 BC 27세기경 중국의 전차(Chariot)이며 이는 전차가 어떻게 돌던 자석을 사용하지 않고 항상 남쪽을 지시하기 위해 차동 기어에 의해 작동된다. 그림 1.2는 영국과학 박물관에 소장되어 있는 이 전차의 추측 모델이다. 기어에 대한 묘사로 BC 4세기경 그리스 철학자 아리스토텔레스(384 ~ 322 BC)가 기계의 문제라는 서적 중에 한 기어 휠이 다른 기어 휠을 구동할 때 회전 방향이 바뀐다고 기술했다. 기어를 최초로 사용했던 고대인은 물을 퍼 올리는 수레에 기어 장치를 사용했을 것으로 추측된다. 티그리스, 유프라테스, 나일 혹은 황하 유역에서 물을 퍼 올렸을 것이며, 현재도 이집트 등에서 원시적인 물 퍼 올리는 기어 장치가 있다. 백 년 후에 아르키메데스(287 ~ 212 BC)는 웜과 웜휠로 구동되는 호이스트 그림을 그렸다. 또한 기어 휠을 가진 물시계는 BC 1세기 이집트 알렉산드리아의 그리스 수학자 Ctesibius에 의해 제작되었다.

| 그림 1.2 | 차동 기어에 의해 작동되는 중국 전차의 추측 모델(2700 ~ 1100 BC) [3]

| 그림 1.3 | 이라크의 Ctesiphon 고고학 지역에서의 고대 기어[4]

그림 1.3은 이라크에서 발견된 고대 기어 그림으로, 초기 기어는 나무로 만들어졌고 핀 형태의 치를 가졌다. 초기 그리스인들은 웨지 형태의 치를 가진 금속기어를 사용했고, 로마인은 제분기에 기어를 많이 사용하였다. 수차는 물의 에너지를 기계에 동력을 주는 에너지로 변환시키기 위해 사용되었으며, 수차와 기계에 연결된 나무로 된 기어는 밀을 가루로 만들고, 금속을 두들기기 위해 사용하였다. 첫 번째 알려진 기어를 가진 제분기는 BC 27년경에 제작되었다. 기원후에 기어는 시계, 수차, 풍차에 사용되어 일상생활에 한 부분이 되기 시작하였다. 기원전 120~200년경의 것으로 예측되는 기어가 로마 시대 유적에서 발굴되었고, 실제로 존재하는 서구 최고의 기어이다. 스웨덴 고성에서 12세기경의 돌로 된 헬리컬 기어가 발견되었다.

르네상스의 대표 화가인 레오나르도 다빈치는 기어 발전에 중요한 역할을 하였고, 웜 기어, 베벨 기어, 나사 기어, 하이포이드 기어 등 기어를 가진 다양한 기계를 제안하였다. 그 이후 일정한 속도비의 시도가 있었고, 인벌류트 곡선이 기어의 치형에 적합한 것으로 생각한 것은 1694년경 프랑스인 필립드 라일(Phillipe de La Hire)이었고, 이후 많은 연구가 이루어져 19세기 전반에 치형이론의 기초가 완성되었다. 앞서 기술한 바와 같이 오랫동안 기어는 나무나 돌로 된 치로 되어 있으며, 때때로 철, 주석, 청동 같은 금속이 사용되었다. 나무 기어는 18세기까지 전 세계적으로 제분소, 직물공장, 철강공장 등에 사용되었다. 18세기 영국의 산업혁명은 전기 모터와 증기기관의 사용으로 금속 기어의 광범위한 사용이 필요로 했고, 이후 기어는 많은 산업에 적용되었다. 또한 기어는 정확한 시계의 제작에 필요했으며, 추시계 등에 적용되었다. 그러나 그들은 정밀한 형태는 아니었고, 이 당시 금속기어는 주로 주조로 제작되었다. 그러나 주조 기어는 정도가 낮고 값이 싸므로 저가 기계에만 사용되고, 정밀기어를 위해서 기어의 창성법에 의한 호브 커터나 피니언 커터 등이 사용되어야 한다. 현재 남아있는 가장 오래된 시계 기어 절삭기로, 1729년까지 스웨덴의 Christopher Polhem이 손으로 작동하는 시계의 대량 생산을 위한 기어 절삭기를 개발하였으며, 스톡홀름의 과학기술박물관에 보존되어 있다. 1835년 영국의 발명가 Joseph Whitworth는 생산 기계에 호빙 원리를 첫 번째 적용하였다. 1856년에 Christian Schiele가 나사 밀링을 위한 머신에 특허 출원을 하였고, 이론적으로 기어 절삭과 같기 때문에 첫 번째 호빙 머신이었다. 1897년 독일의 Hermann Pfauter가 스퍼와 헬리컬 기어 둘 다를 가공할 수 있는(차동치차 장치가 달린) 만능 호빙 머신을 발명하였다. 호빙 머신은 그 후 계속 발전하여 현재와 같은 형태의 기어 절삭기의 대표가 되었다.

J.E. Gleason은 베벨기어 절삭기(bevel-gear generating machine)를 1898년에, E.R. Fellow는 펠로우 기어 절삭기(Fellows gear shaper)를 1898년에 발명(특허 출원)하고, 스파이럴 베벨 기어 절삭기는 1913년에 처음으로 만들어졌고, 하이포이드 기어는 1925년 발명되었다. 이후 1975년에 독일의 Pfauter 회사는 척 NC 호빙 머신을 도입하였고, 1982년에 6축 기계가 도입되었다.

1.2 기어의 용도 (6–8)

기어의 용도는 최근에 많이 적용되는 로봇 감속기를 비롯하여, 풍력 발전기, 자동차 등 수송기계에 널리 사용되며, 각 사용처에 대해 간단히 기술한다.

1) 로봇 감속기

감속기는 감속비만큼 모터의 회전 속도를 줄이고 회전력을 증폭시키기 위해 활용되는 동력 전달 장치로서, 평 기어, 헬리컬 기어, 나사 기어, 베벨 기어, 웜 기어 등 여러 가지 기어가 사용된다. 대표적인 감속기로 유성 감속기, 웜 감속기, 사이클로이드 감속기, RV 감속기, 하모닉 감속기 등이 있다. 일반적인 유성 감속기와 사이클로이드 감속기는 산업용으로 널리 활용되고 있으나, 산업용 로봇 분야에서는 토크, 강성, 효율뿐만 아니라, 높은 감속비, 낮은 백래시, 높은 정밀도, 경량/콤팩트화등을 동시에 달성해야 하기 때문에, RV 감속기와 하모닉 감속기와 같은 형태가 개발되었다.

RV 감속기는 1차 감속에서는 링 기어가 제외된 유성 기어 감속기 특성과 2차 감속에서는 1차 감속부의 유성 기어를 크랭크축으로 연결하여 사이클로이드 감속기의 특성을 결합하여 2단 감속을 구현한다. 2단 감속으로 다양한 감속비와 높은 감속비 구현이 가능한 장점이 있으며, 동시에 맞물리는 기어 치의 수가 많고 강성이 높아 고토크에 적합하다. 또한 백래시, 각도 전달 오차 등 정밀도도 매우 높기 때문에 산업용 로봇, 공작 기계, 정밀 이송 시스템 등에 주로 활용되고 있다.

하모닉 감속기는 기존 감속기들이 강체 형태의 기어 맞물림을 전제로 동력이 전달되는 것과 달리, 탄성 변형을 이용한 특수 형태의 맞물림을 구현한다. 미세한 치형 설계를 통해 1단 감속으로도 높은 감속비를 얻을 수 있고, 백래시가 매우 낮아 초정밀 위치 결정이 필요한 고정도 공작 기계나 산업용 로봇에 주로 활용된다. 또한 전달 토크 용량에 대비하여 가볍고 콤팩트한 구조를 지니고 있어 로봇의 경량화 설계에 유리한 감속기이다. 그러나 아주 높은 부하 토크에는 적합하지 않아 주로 중소형 로봇에 활용되고 있으며, 특정 부하 이상의 로봇에서는 RV 감속기가 활용된다.

2) 풍력 발전기

풍력 발전기는 블레이드에서 발생한 동력을 발전기로 전달하는 증속기, 블레이드를 회전시켜 피치 제어를 하기 위한 피치 감속기, 나셀을 회전시켜 위치 제어를 하기 위한 요 감속기가 있다. 증속기는 15 ~ 40 rpm의 저회전, 고토크를 1,000 ~ 1,800 rpm으로 증속하여 고회전, 저토크의 출력 동력으로 변환 시킨다. 증속기는 20년간 긴 수명을 요구하며 풍력 발전기 구성 요소 중 가장 많은 문제를 발생시킨다. 증속기는 헬리컬 기어 방식, 유성 기어 1단, 헬리컬 기어 2단 방식, 유성 기어 2단, 헬리컬 기어 1단 방식 등 다양한 방식이 채택된다. 피치 및 요감속기는 정밀한 제어를 위해 높은 감속비를 갖는 다단 유성 기어 트레인을 사용한다. 피치 드라이브는 3단으로 기어비 100 ~ 200이며, 요 드라이브는 3 ~ 5단으로 기어비 1000 이상이다. 이는 높은 효율과 한정된 설치공간으로 부피의 최적화가 요구된다.

3) 공작기계

정확성과 동력전달능력이 공작기계 기어에 중요하다. 보통 금속 기어가 사용되며, 스퍼 기어나 헬리컬 타입의 속도변경 기어가 공작물 회전과 이송율(feed rate) 제어를 위해 사용된다. 공작물과 테이블의 인덱스 구동(index drive)은 웜기어나 베벨 기어가 될 수 있다.

4) 제어 기어

총이나 배, 헬리콥터와 탱크는 가장 낮은 한계로 유지된 백래시를 가진 기어 열에 의해 제어된다. 가장 큰 제어 기어의 예는 전파 망원경를 위치시키고, 인공위성 추척 안테나를 구동하기 사용되는 기어이다.

5) 자동차 기어

자동차 기어는 보통 수동변속기에 스퍼 기어와 헬리컬 기어, 자동변속기에 유성 기어를 사용하고 후륜 구동에서 베벨 기어를 사용한다. 최종 자동차 기어는 보통 약 700 HV나 60 HRC의 표면 경도와 300 HV나 30 HRC 심부 경도를 가진다.

6) 수송 기어(transportation gear)

수송 기어로 버스, 지하철, 광산차와 기차 디젤은 스퍼 기어와 헬리컬 기어를 사용한다. 기어는 지름이 0.75 m정도 까지 이고, 모듈이 20정도이다. 수송 기어는 큰 하중을 장시간 받고 충격 하중을 받기도 한다. 얕은 경화 중간 탄소강(Shallow-hardening, medium-carbon steel)이 완전 경화 침탄강(fully hardened carburized steel) 경우 보다 충격에 더 잘 견디는 것으로 보인다.

7) 선박 기어

높은 동력과 속도를 가진 대형 기어가 상선과 해군 전함에 사용되고, 화물선의 프로펠러 구동 장치는 지름이 5 m까지의 대형 기어를 사용한다. 어떤 선박의 일차 감속 피치선속도는 100 m/s까지 간다. 기어 소음은 모든 선박 기어에 다소간 중대한 문제이다. 전함에서는 적의 잠수함으로 수중 전파 소음을 막아야 하고 적의 수중 전파 소음을 들을 수 있도록 충분히 저소음 운전하여야 하는 부가적인 문제가 있다. 선박 기어는 이를 위해 치의 수가 많도록 하고, 정확도 높은 가공이 필요하다. 전형적인 선박 구동 기어는 약 60개의 치와 최대 5 μm의 치 간격 정확도(tooth-to-tooth spacing accuracy)를 가진다. 한편 기차에 사용되는 같은 지름의 기어는 15개의 치수와 12 μm의 치 간격 정확도를 갖는다.

8) 항공기 기어

항공기 기어는 다양한 용도로 사용된다. 프로펠러가 1단 혹은 2단 감속 기어로 구동되고, 발전기, 펌프, 유압제어장치와 타코미터가 기어 구동이다. 또한 착륙 바퀴를 올리고 폭탄 실을 열고, 총을 제어하고, 프로펠라의 피치를 제어하는 데 기어가 사용된다. 헬리콥터는 주로터와 꼬리 로터를 구동하기 위해, 많은 기어가 사용된다. 우주선은 터빈과 연료 펌프 사이에 동력 기어를 사용한다. 항공기 기어는 치의 하중과 속도가 높으므로 치 강도와 마모

저항이 크고, 윤활과 연결된 스코링 강도를 만족해야 한다. 구동 기어의 강도를 높이고 이끝 미끄럼 속도를 맞추기 위해 구동 기어는 긴 이끝 높이(addendum)와 피동 기어는 짧은 이끝 높이로 한다. 가장 잘 개발된 항공기 기어는 로켓 엔진에 사용된 기어이다.

9) 산업 기어

산업 기어는 모터로부터 구동되는 펌프, 컨베이어, 공기압축기, 콘크리터 믹서기에 사용되는 기어이다. 이 기어는 비교적 낮은 속도이고 낮은 동력을 전달한다. 피치 선 속도는 0.5 m/s에서 20 m/s이고, 스퍼, 헬리컬, 웜, 스피로이드(Spiroid) 기어를 사용한다.

10) 석유와 가스 산업의 기어

석유 생산에는 고 동력, 고속 기어가 필요하며, 펌프, 드릴, 오일 정제소등에도 사용된다. 보통 터빈을 구동하며 동력 범위는 750 kW부터 50,000 kW이상도 되고, 피치 선속도는 20에서 200 m/s 이다.

11) 공장 기어

대형 공장은 시멘트를 만들고 철광석을 갈고, 철을 롤링한다. 이 장치는 두 개 이상의 기어 단을 통하여 수천 kW의 동력을 보통 전달한다. 스퍼와 헬리컬 기어가 사용되고, 피치 선속도는 아주 낮다. 첫 단계에서는 20 m/s 이나 마지막 단에서는 0.1~11.0 m/s 이다. 공장 기어는 11 m까지 크기로 통상 만들어 진다.

참고문헌

[1] S. R. Schmid, B.J. Hamrock, B. O. Jacobson, 2014, Fundamentals of Machine Elements, SI Version, 3rd ed. Ch.14. CRC Press, NW.

[2] 박찬일, 2013, 기어의 진동소음, 기계저널, 53(2), pp.30-34.

[3] R.S. Woodbury, 1958, History of the gear cutting machine, MIT Press.

[4] http://www.sciencemuseum.org.uk.

[5] http://www.scribd.com/doc/47769321/History-of-Gears.

[6] 박동일, 2020, 협동 로봇용 정밀 감속기 개발 동향, 기계저널, 60(10), pp.33-37.

[7] 황병선 공저, 2009, 최신 풍력터빈의 이해, 제 10장, 아진.

[8] S.P. Radzevich, 2012, Dudley's handbook of practical gear design and manufacture, 2nd, Ch.1, CRC Press, NW.

CHAPTER 02

인벌류트 표준 스퍼 기어

기어의 치형은 과거에 여러 치형들이 제안되었으나, 현재 사용되는 대부분의 기어 치형은 인벌류트 치형과 사이클로이드 치형이다. 인벌류트 치형은 마모는 불균일하나 중심거리의 약간의 오차가 있어도 무방하고, 조립이 쉬어서 대부분의 전동용 기어로 사용되고, 사이클로이드 치형은 마모가 균일하여 시계, 계기류에 제한적으로 사용된다. 여기에서는 인벌류트 치형의 스퍼기어 물림 및 치형 곡선에 대해 기술한다.

2.1 인벌류트 곡선

기어의 치형으로 사용되는 인벌류트 곡선은 그림 2.1과 같이 기초원 반경 oq에 감겨져 있는 실을 팽팽하게 잡아당기면서 점 S부터 q까지 풀어갈 때 실의 궤적 sp 곡선이 인벌류트 곡선이다. 이 인벌류트 곡선으로 부터 인벌류트 함수를 유도해보자.

그림 2.1에서 인벌류트 곡선의 성질로부터 실의 길이 pq는 실을 풀기전 기초원에 감겨 있는 원호 sq와 같다.

$\overline{pq} = \widehat{sq}$ 이고, $\widehat{sq} = (\theta + \phi)\overline{oq}$, $\overline{pq} = \overline{oq}\tan\theta$ 의 관계를 가지므로 다음 관계가 된다.

$\overline{oq}\tan\theta = \overline{oq}(\theta + \phi)$, 정리하면 $\phi = \tan\theta - \theta$.

여기서 각 ϕ를 θ의 인벌류트 함수라 하며 $\phi = \mathrm{inv}\theta$로 표시하면, 인벌류트 함수는 다음과 같이 된다.

$$\mathrm{inv}\theta = \tan\theta - \theta \tag{2.1}$$

기어의 각 치는 그림 2.2와 같이 법선피치 만큼 떨어져 있다. 기어치는 인벌류트 곡선이므로 $\overline{AB} = \widehat{A'B'}$의 관계를 갖고 $\widehat{A'B'} = \dfrac{\pi D_b}{Z}$이므로 법선피치는 $p_n = \overline{AB} = \dfrac{\pi D_b}{Z}$은 기초원 피치와 같게 된다.

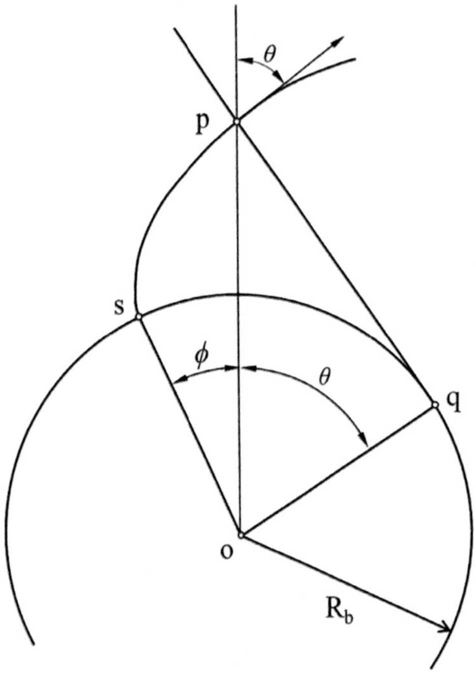

| 그림 2.1 | 인벌류트 곡선

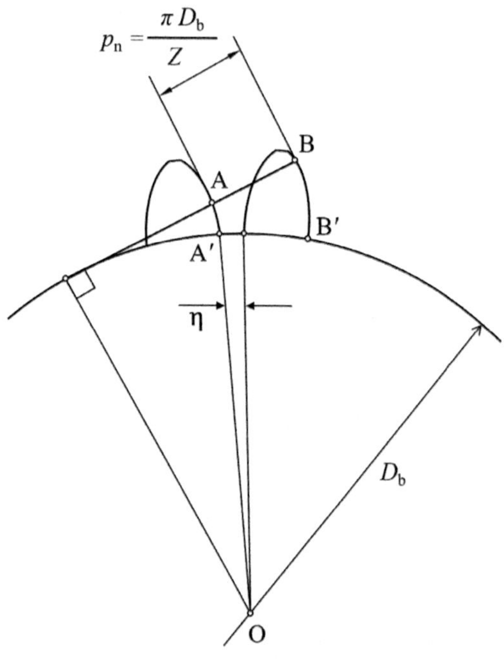

| 그림 2.2 | 인벌류트 스퍼 기어의 법선피치

2.2 인벌류트 외접 스퍼 기어의 물림의 기하학적 관계

그림 2.3은 인벌류트 외접 스퍼가 맞물리고 있는 구간을 나타낸다. 기어의 물림은 작용선(line of action)에서 이루어지며 두 기초원과 접하는 점 N_1, N_2로 연결된 선이 작용선이다. 기어가 회전함에 따라 기어의 접촉은 작용선 위에 있고 A점에서 접촉이 시작되어 피치점을 지나 D점에서 접촉이 끝난다.

치형 물림률이 2 이하인 즉, 물리는 이가 한 개 혹은 두 개인 기어인 경우, 그림 2.3에서 AB, CD는 두 개 이가 물리는 구간이며, BC는 한 개의 이가 물리는 구간이다. 한 개 이가 물리는 구동 기어의 최소 반경, 피동 기어의 최대 반경은 접촉이 끝나는 점 D에서 법선피치 거리인 B이고, 구동 기어의 최대 반경, 피동 기어의 최소 반경은 접촉 시작점 A에서 법선피치 거리인 C가 된다.

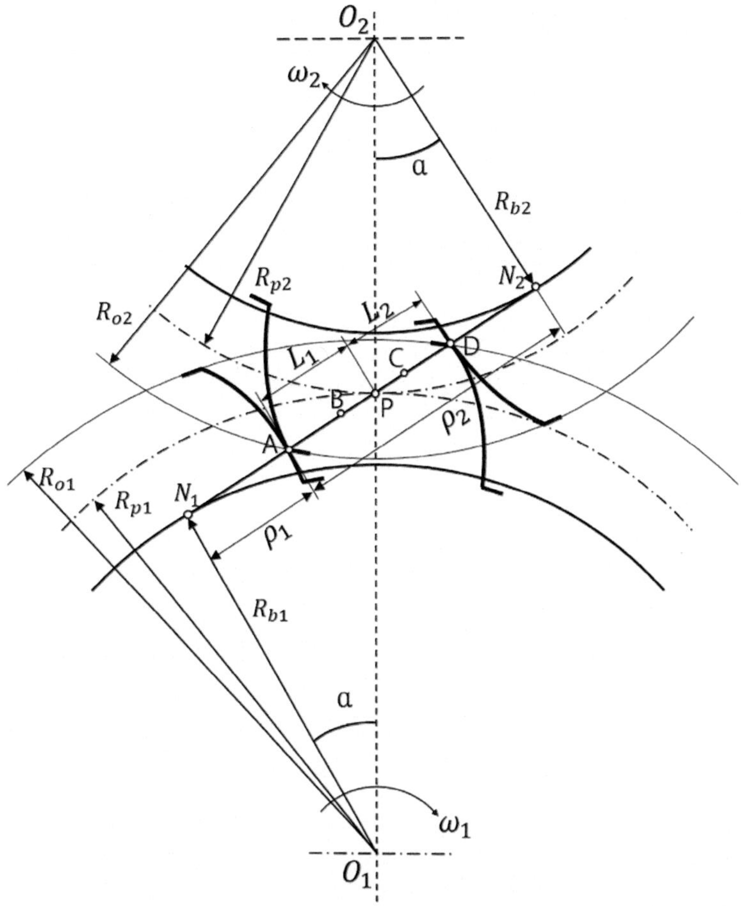

| 그림 2.3 | 스퍼 기어의 물림

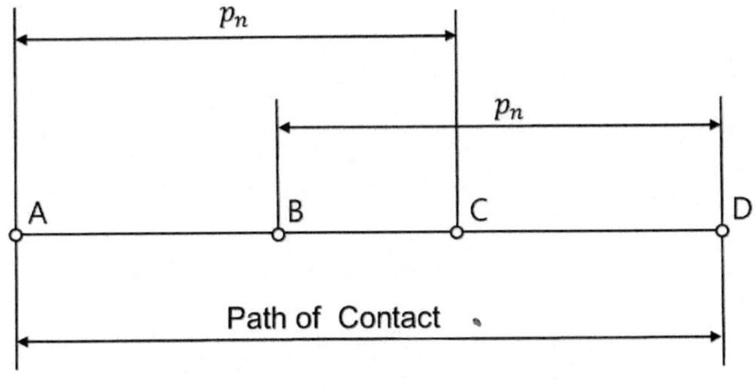

| 그림 2.4 | 하중에 따른 접촉 위치

이 관계에서 한 개 이가 물리는 구동 기어의 단일치 접촉 최고점(the highest points of single pair contact) 반경과 단일치 접촉 최저점 반경(the lowest points of single pair contact)은 다음과 같이 유도된다.

단일치 접촉 최고점 반경은

$$R_{hsc1} = \sqrt{R_{b1}^2 + [(R_{b1} + R_{b2})\tan\alpha - \sqrt{R_{o2}^2 - R_{b2}^2} + p_b]^2} \tag{2.2}$$

여기서 α는 맞물림 압력각, p_b는 기초원 피치

단일치 접촉 최저점 반경은

$$R_{lsc1} = \sqrt{R_{b1}^2 + (\sqrt{R_{o1}^2 - R_{b1}^2} - p_b)^2} \tag{2.3}$$

인벌류트 곡선은 기초원 근처에서 매우 급속히 변화하므로, 기어의 최소 접촉점은 기초원으로부터 멀리 두어야 한다.

접촉이 시작되는 A점은 한계원 반경(limit circle radius)이라 하며 그 반경은

$$R_A = \sqrt{R_{b1}^2 + [(R_{b1} + R_{b2})\tan\alpha - \sqrt{R_{o2}^2 - R_{b2}^2}\,]^2} \tag{2.4}$$

인벌류트 곡선이 시작되는 반경(form radius)은 공차를 고려하여 R_A로부터 0.025 m 밑에 두어 다음 식으로 된다.[(1)]

$$R_{\text{form}} = R_A - 0.025m \tag{2.5}$$

2.3 인벌류트 스퍼 기어의 성질

1) 물림률

접촉 시작점부터 피치점까지 거리 AP를 접근 물림길이 l_a라 하고, 피치점부터 접촉이 끝나는 거리 PD를 퇴거 물림길이 l_r라고 하고 다음식으로 주어진다. 이 두 길이를 합하여 총 물림길이 AD가 된다.

$$l_a = \sqrt{R_{o2}^2 - R_{b2}^2} - R_{p2}\sin\alpha \tag{2.6a}$$

$$l_r = \sqrt{R_{o1}^2 - R_{b1}^2} - R_{p1}\sin\alpha \tag{2.6b}$$

두 기어가 평균적으로 몇 개의 이가 맞물려 있는지 알기 위해, 작용선상의 총물림길이 AD를 법선피치로 나누어서 치형 물림률(contact ratio) ε_p를 다음식으로 구한다.

$\varepsilon_p = \dfrac{l_a + l_r}{p_n}$, $p_n = \dfrac{\pi D_b}{Z} = \dfrac{\pi D_p \cos\alpha}{Z} = \pi m \cos\alpha$ 이므로

$$\varepsilon_p = \frac{\sqrt{R_{o1}^2 - R_{b1}^2} + \sqrt{R_{o2}^2 - R_{b2}^2} - (R_{p1} + R_{p2})\sin\alpha}{\pi m \cos\alpha} \tag{2.7}$$

치형 물림률이 1.6이면 두 쌍의 이가 물리는 구간이 60%, 한 쌍의 이가 물리는 구간이 40%를 의미한다. 스퍼 기어의 치형 물림률은 일반적으로 최소 1.4를 추천한다.

2) 미끄럼 속도 (2)

인벌류트 스퍼 기어는 두 기어가 서로 맞물려 돌아갈 때 피치점에서만 구름 운동이 있고 그 밖의 위치에서는 미끄럼과 구름 운동이 합쳐져 있다. 즉, 구동 기어와 피동 기어는 같은 기초원상의 같은 각도에 대응하는 인벌류트 곡선 길이의 차이가 발생하여 미끄럼 운동을 수반한다. 스퍼 기어는 접근시와 퇴거시 열과 마모상 중요한 미끄럼 속도를 살펴본다.

구동 기어와 피동 기어의 구름속도 v_1, v_2는 곡률 반경과 각속도의 곱으로 주어지며, 미끄럼 속도는 그 속도의 차로 다음으로 구한다.

$$v_s = v_1 - v_2 = \rho_1\omega_1 - \rho_2\omega_2 \tag{2.8}$$

기어가 물림이 시작되어 피치점으로 접근할 때 곡률반경은 그림 2.3에서 다음으로 유도된다.

$$\rho_1 = R_{p1}\ \sin\ \alpha - L_1 \tag{2.9a}$$

$$\rho_2 = R_{p2}\ \sin\ \alpha + L_1 \tag{2.9b}$$

여기서 L_1은 피치점으로부터 맞물리는 점까지 작용선을 따라서의 거리이고 다음 범위에 있다.

$$0 < L_1 \le l_a,\quad l_a = \sqrt{R_{o2}^2 - R_{b2}^2} - R_{p2}\sin\alpha,$$

$R_{p1}\omega_1 = R_{p2}\omega_2$의 관계와 식 (2.9)를 식 (2.8)로 대입하면, 접근시 미끄럼 속도는 다음과 같이 된다.

$$v_s = - L_1(\omega_1 + \omega_2) \tag{2.10}$$

기어가 피치점으로부터 맞물리는 끝 지점까지 퇴거할 때, 기어의 곡률반경은 다음 식으로 유도된다.

$$\rho_1 = R_{p1} \sin\alpha + L_2 \tag{2.11a}$$

$$\rho_2 = R_{p2} \sin\alpha - L_2 \tag{2.11b}$$

여기서 L_2는 그림 2.3의 피치점부터 맞물리는 점까지 작용선 상의 거리이고, 다음 범위에 있다.

$$0 < L_2 \le l_r, \quad l_r = \sqrt{R_{o1}^2 - R_{b1}^2} - R_{p1} \sin\alpha$$

기어 접근시와 비슷한 방법으로 하면, 퇴거시 다음의 미끄럼 속도가 얻어진다.

$$v_s = v_1 - v_2 = L_2(\omega_1 + \omega_2) \tag{2.12}$$

이와 같이 기어가 접근에서 퇴거로 가면서 미끄럼 속도가 음에서 양의 미끄럼 속도로 변한다. 미끄럼 방향의 변화는 마찰력의 피치점을 경계로 하여 마찰의 방향이 바뀌게 되고, 마찰력의 변동이 기어 진동의 가진원이 된다.

또 다른 속도 관련 항은 속도의 합 또는 운반 속도(entraining velocity)로 두 기어 사이로 오일이 얼마나 빨리 끌어 당겨지는지의 척도이며 다음으로 나타낸다.

$$v_E = v_1 + v_2 = \rho_1\omega_1 + \rho_2\omega_2 \tag{2.13}$$

3) 기어의 효율

기어 물림 관계를 이용하여 스퍼 기어의 마찰손실은 다음으로 주어진다.

$$P_{loss} = \mu \cdot P_i \cdot H \tag{2.14}$$

여기서 μ는 마찰계수, P_i는 입력 동력, $H = \pi\left(\dfrac{1}{Z_1} + \dfrac{1}{Z_2}\right)\left(1 - \varepsilon_a - \varepsilon_r + \varepsilon_a^2 + \varepsilon_r^2\right)$,

접근 물림률(ε_a), 퇴거물림률(ε_r)는 $\varepsilon_a = \dfrac{l_a}{p_n}$, $\varepsilon_r = \dfrac{l_r}{p_n}$이다.

얻어진 마찰손실을 적용하여, 기어의 효율은 다음으로 주어진다.

$$\eta = (P_i - P_{loss})/P_i \tag{2.15}$$

2.4 인벌류트 치형의 가공

기어 치형을 가공하는 방법은 기어의 정도에 따라 달라진다. 정도가 낮은 기어는 주조법이나 소성 가공법이 사용된다. 기어 정도가 높아지면 절삭 가공인 창성 가공법, 연삭법이 사용된다. 여기에서는 창성 가공의 대표적인 호브 가공법과 셰이퍼 가공을 소개한다.

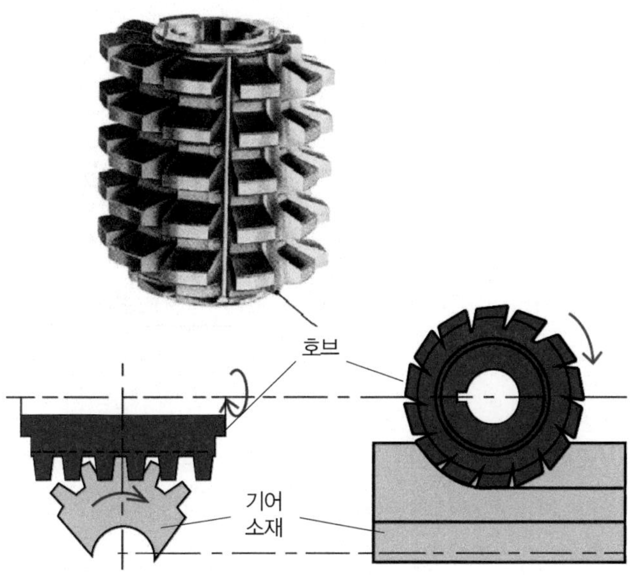

| 그림 2.5 | 호브에 의한 치형 가공[3]

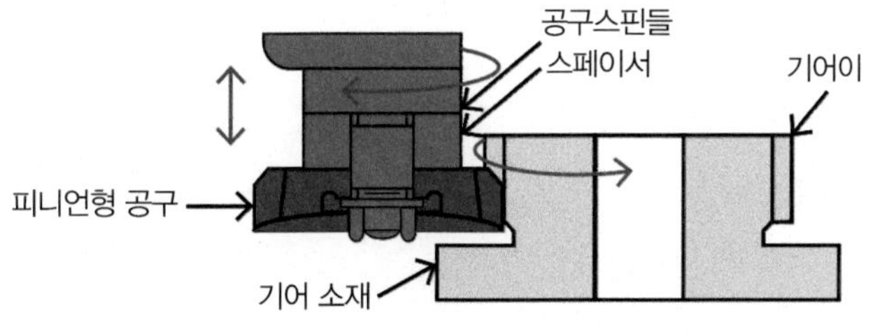

| 그림 2.6 | 셰이퍼 치형 가공[3]

그림 2.5는 호브에 의한 치형 가공으로 호브가 회전과 직선 왕복이동하고 가공될 기어는 회전하면서 치형을 창성한다. 그림 2.6은 셰이퍼 피니언 공구가 회전운동과 직선 왕복운동을

하면서 기어를 창성하는 방법을 보여준다.

호브나 셰이퍼에 의해 창성된 기어는 치형 오차를 줄이기 위해 마무리(finishing) 가공을 한다. 마무리 가공은 셰이빙(shaving)이나 버니싱(burnishing)으로 한다. 열처리후에는 연삭(grinding)과 래핑(lapping)이 사용된다.

2.5 인벌류트 스퍼 기어의 치형 곡선[4]

1) 호브 공구에 의한 치형 곡선

인벌류트 스퍼 기어가 호브 공구에 의해 창성되는 치형 곡선을 구해보자. 이를 위해 호브 공구의 치형은 그림 2.7과 같고 옆선이 직선이며 옆선이 직선 호브 공구는 때때로 랙(rack)으로 언급되기도 한다. 호브는 나사의 주위를 나선형으로 절삭한 랙의 이모양을 한 원통형 공구이며, 절삭작용은 랙커터의 절삭작용과 같기 때문이다. 호브 공구가 이동하고, 공작물이 회전하면서, 그림 2.8과 같이 인벌류트 곡선과 필렛부 전환(transition) 곡선이 만들어 진다.

그림 2.7의 호브 공구 치형은 압력각 α와 모듈 $(T_c + T_s)/\pi$이다. 호브치의 이끝 높이(addendum)인 $a_c = (B + R_h)$은 창성된 기어의 이뿌리 높이(dedendum)와 같고, R_h은 Z에 중심을 둔 호브끝 반경이다. 호브치의 이뿌리 높이는 창성 기어의 이끝 높이와 호브 간극의 합이 된다. 호브 치 간격 T_s는 기어 피치 지름에서 창성된 기어 치 두께와 같고, T_c는 호브 치 두께이며 창성된 기어의 이 공간과 같다. 호브가 거리 $(T_c + T_s)$를 이동할 때, 기어는 각도 $(T_c + T_s)/R_p$만큼 회전한다. 여기서 R_p는 기어 피치 지름이며, $(T_c + T_s)$는 기어의 원주 피치와 같다.

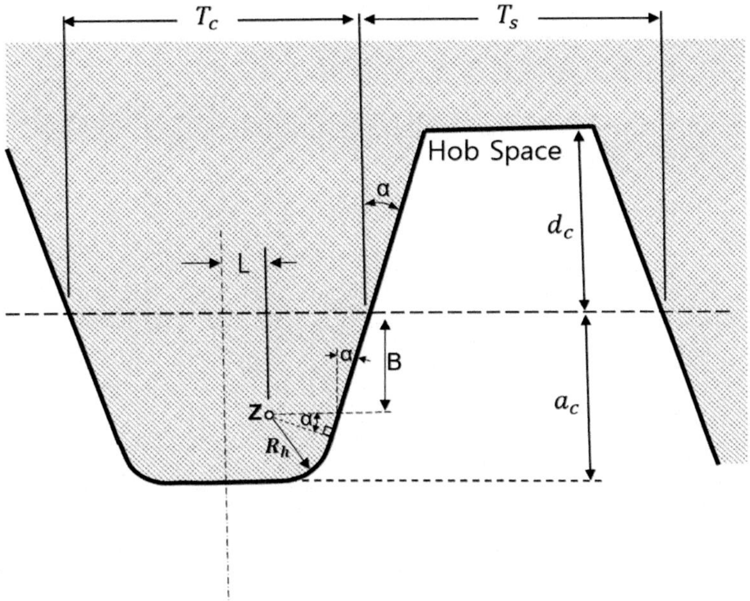

| 그림 2.7 | 호브 치형

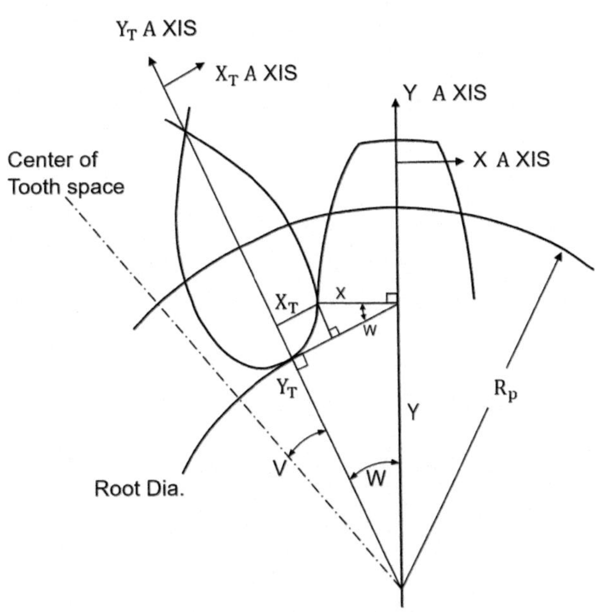

| 그림 2.8 | 인벌류트와 필렛부 곡선 좌표

호브에 의해 가공되는 치의 인벌류트와 필렛부 곡선의 좌표는 그림 2.8과 같다. 먼저 인벌

류트 곡선을 그려보자.

인벌류트 곡선은 압력각 α, 피치 반경 R_p, 피치 원주 이두께 T_p인 피치 지름에서 시작한다. 인벌류트 함수 관계에서 $\theta_p = \tan\alpha - \alpha$이다.

그림 2.9에서 각 A는 $A = \theta_p + \dfrac{T_p}{2R_p}$이다.

다른 반경 R_t에서 원주 이 두께를 구하기 위해, 그 위치의 각 B는

$$B = A - \theta_t = \theta_p + \frac{T_p}{2R_p} - \theta_t \tag{2.16}$$

$$\alpha_t = \cos^{-1}\frac{R_b}{R_t} \tag{2.17}$$

$$\theta_t = \tan\alpha_t - \alpha_t \tag{2.18}$$

반경 R_t에서 인벌류트 곡선의 X, Y 좌표는

$$X = R_t \sin B,\ Y = R_t \cos B \tag{2.19}$$

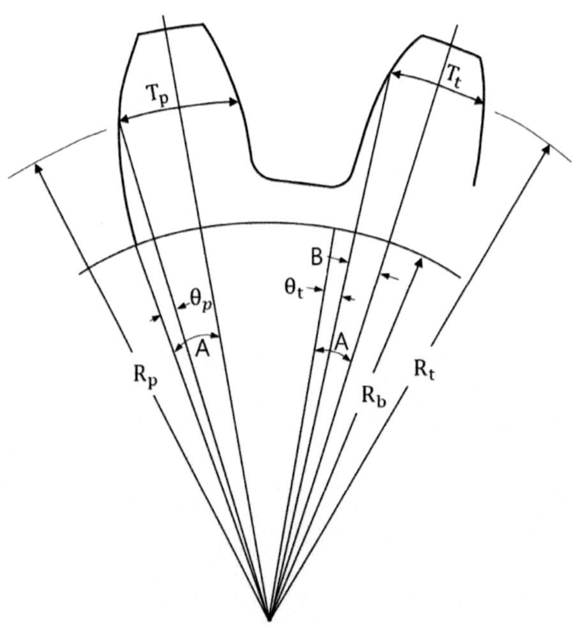

| 그림 2.9 | 인벌류트 곡선의 치 두께

다음 필렛부 곡선을 구해보자. 이뿌리 지름과 인벌류트 사이의 곡선을 필렛부 전환(transition) 곡선이라고 한다. 필렛부 곡선은 호브 공구의 구석의 점이 이뿌리 필렛의 형태를 창성한다. 이 곡선은 그림 2.8에서 (X_T, Y_T)좌표에서의 루프로 보여진다.

필렛부 곡선을 계산하기 위해 다음의 절차로 한다.

① 그림 2.7의 호브 끝 반경의 중심 점 Z에 의해 창성된 필렛부 곡선을 계산한다.

② 호브 반경 R_h를 더하기 위해, 어떤 점의 필렛부 곡선에 수직을 구한다.

③ (X_T, Y_T) 좌표에서 구한 곡선을 이 중심 좌표 (X, Y)로 변환하기 위해 그림 2.8의 각도 W만큼 이동시킨다.

호브가 거리$(T_c + T_s)$를 이동할 때, 기어는 각도 $(T_c + T_s)/R_p$로 회전한다. 그러므로 기어 이 중심과 이 공간의 중심 사이의 각 $(W + V)$는

$$W + V = (T_c + T_s)/(2R_p) \tag{2.20}$$

각 V는 $V = L/R_p$, L은 그림 2.7에서 호브 이의 중심과 점 Z사이의 거리로 다음 관계가 성립한다.

$$L = \frac{Tc}{2} - B\tan\alpha - \frac{R_h}{\cos\alpha}, \tag{2.21a}$$

$$W = \frac{(Tc + Ts)/2 - L}{R_p}. \tag{2.21b}$$

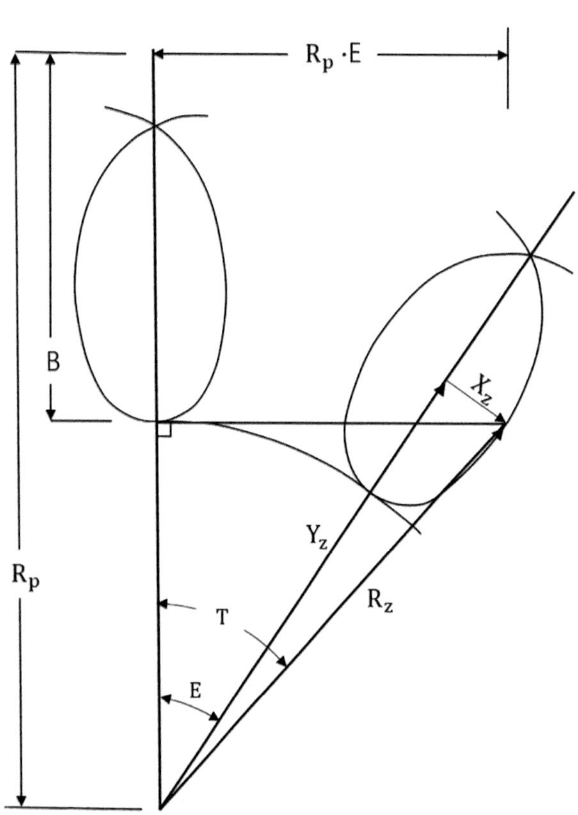

| 그림 2.10 | Z점에 의해 창성된 필렛부 곡선

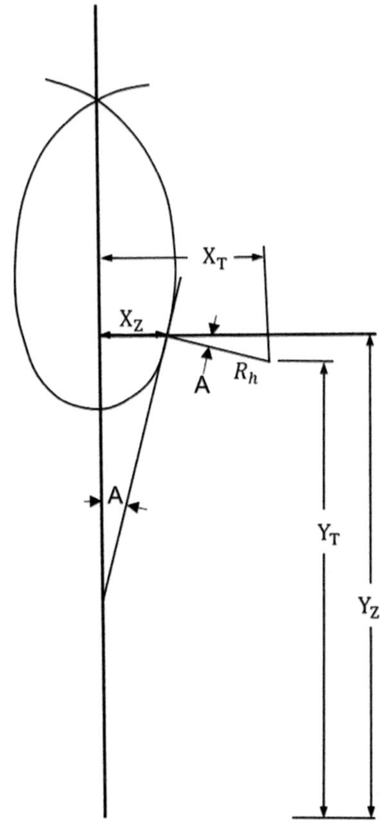

| 그림 2.11 | 필렛부 좌표

그림 2.10은 시작점에서 점 Z에 의해 창성된 필렛부 곡선을 보이고, 호브가 거리 $R_p \cdot E$ 이동하면 기어는 각 E 만큼 회전한다.

좌표는

$$X_Z = R_Z \sin(T-E) = R_Z(\sin T \cos E - \cos T \sin E) \tag{2.22a}$$

$$Y_Z = R_Z \cos(T-E) = R_Z(\cos T \cos E + \sin T \sin E) \tag{2.22b}$$

여기서 $\cos T = \dfrac{R_p - B}{R_Z}$, $\sin T = \dfrac{R_p \cdot E}{R_Z}$이다.

그러므로

$$X_Z = (R_p \cdot E)\cos E - (R_p - B)\sin E, \tag{2.23a}$$

$$Y_Z = (R_P - B)\cos E + (R_P \cdot E)\sin E \tag{2.23b}$$

그림 2.11은 점 Z에 의해 창성된 필렛 곡선에 호브 끝 반경 R_h을 더해서 실제 필렛부 좌표를 계산하는 방법을 보여준다.

$$X_T = X_Z + R_h \cos A \tag{2.24a}$$

$$Y_T = Y_Z - R_h \sin A \tag{2.24b}$$

각 A는 점 Z에 의해 창성된 필렛 곡선에 수직한 선과 Y_Z축에 의해 형성된 각이며, 다음으로 구해진다.

$$\tan A = \frac{dX_Z}{dY_Z} \tag{2.25}$$

이것은 다음으로 구해진다.

$$\frac{dX_Z}{dE} = -(R_p \cdot E)\sin E + R_p \cos E - R_p \cos E + B\cos E \tag{2.26a}$$

$$\frac{dY_Z}{dE} = -R_p \sin E + B\sin E + (R_p \cdot E)\cos E + R_p \sin E \tag{2.26b}$$

따라서

$$\frac{dX_Z}{dY_Z} = \frac{-(R_p \cdot E)\sin E + B\cos E}{B\sin E + (R_p \cdot E)\cos E} \tag{2.27}$$

기어 중심 좌표로 필렛부 좌표를 얻기 위하여 다음의 각으로 좌표 이동한다.

$$\sin W = \frac{X_T + X\cos W}{Y} \tag{2.28a}$$

$$\cos W = \frac{Y_T - X\sin W}{Y} \tag{2.28b}$$

Y에 대해 정리하여 등가 시켜 X 좌표를 구한다.

$$\frac{X_T + X\cos W}{\sin W} = \frac{Y_T - X\sin W}{\cos W} \tag{2.29a}$$

$$X_T \cos W + X \cos^2 W = Y_T \sin W - X \sin^2 W \tag{2.29b}$$

X 좌표를 식 (2.28)에 대입하여 정리하면 다음과 같이 필렛부 곡선 좌표가 얻어진다.

$$X = Y_T \sin W - X_T \cos W \tag{2.30a}$$

$$Y = Y_T \cos W + X_T \sin W \tag{2.30b}$$

필렛부 곡선을 계산하기 위한 절차를 정리하면 다음과 같다.

① 임의로 각 E를 선택하고, 식 (2.23)을 사용하여 그림 2.7의 호브 끝 반경의 중심 점 Z에 의해 창성된 필렛부 곡선을 계산한다.

② 각 점의 각 A를 계산하고, 식 (2.24)를 사용하여, 호브 반경 R_h을 더한 실제 필렛부 좌표를 정의한다.

③ 식 (2.30)을 사용하여, (X_T, Y_T)좌표에서 구한 곡선을 이 중심 좌표 (X, Y)로 변환한다.

2.6 치형의 매개 함수 표시

표준 스퍼 기어 치형은 다음과 같이 인벌류트와 필렛부 곡선을 매개 함수식으로 나타낼 수 있다. 먼저 인벌류트 곡선의 매개 함수식은 다음으로 주어진다.

1) 인벌류트 곡선의 매개 함수

인벌류트 곡선은 다음 두 가지로 표현된다. 첫 번째 표현으로 기초원에서 창성되는 인벌류트 곡선은 임의의 반경 R_i에서 (x, y) 좌표는 다음과 같이 표현된다.

$$x = R_i \sin(\varphi) \tag{2.31a}$$

$$y = R_i \cos(\varphi) \tag{2.31b}$$

여기서, $\varphi = \dfrac{\pi}{2Z} - (inv\alpha_i - inv\alpha)$, $inv\alpha_i = \tan\alpha_i - \alpha_i$, $inv\alpha = \tan\alpha - \alpha$ (α는 공구 압력각, Z는 잇수), 인벌류트 곡선의 반경 R_i에 대응하는 압력각 α_i은 $R_i = R_b/\cos\alpha_i$ 관계에서 얻어진다.

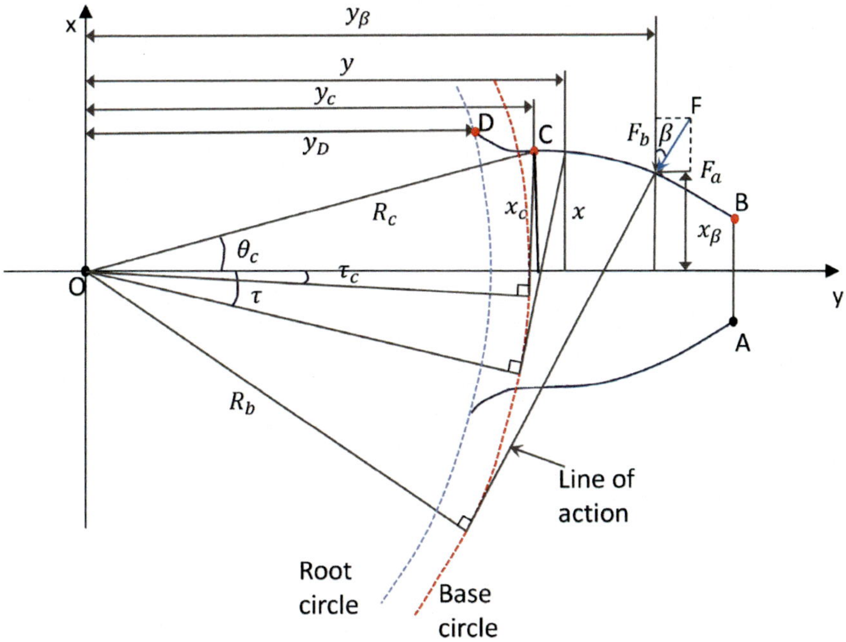

| 그림 2.12 | 치형 좌표

이 인벌류트 곡선은 인벌류트 곡선이 시작되는 반경 R_c와 이끝원의 반경 R_a까지 정의 되며 각각의 반경은 $R_c = \sqrt{(R_b \tan\alpha - h_a \cdot m/\sin\alpha)^2 + R_b^2}$, $R_a = \dfrac{D_1}{2} + h_a \cdot m$이다. 각 반경에서의 압력각은 각각 α_c와 α_a이다. 즉, $R_c \le R_i \le R_a$, $\alpha_c \le \alpha_i \le \alpha_a$에서 정의 된다. 여기서 기초원 반경 $R_b = \dfrac{D_1}{2}\cos\alpha$, 어덴덤 계수 $h_a = 1$, 모듈 m, 구동 기어의 잇수 Z_1, 구동 기어의 피치 지름 $D_1 = mZ_1$, α는 공구 압력각, 인벌류트 시작점의 압력각 $\alpha_c = \cos^{-1}(R_b/R_c)$ 이끝원의 압력각 $\alpha_a = \cos^{-1}(R_b/R_a)$이다.

두 번째 매개 변수 표현은 다음과 같이 나타낼 수 있다.

$$x = R_b[(\tau + \theta_b)\cos\tau - \sin\tau] \tag{2.32a}$$

$$y = R_b[(\tau + \theta_b)\sin\tau + \cos\tau] \tag{2.32b}$$

여기서, $\theta_b = \dfrac{\pi}{2Z} + inv\alpha$로 기어의 기초원 치의 반각이고, $\tau = \sqrt{(\dfrac{R_i}{R_b})^2 - 1} - \theta_b$로 $\alpha_c \le \tau \le \alpha_a$범위이다.

2) 필렛부 곡선의 매개 함수

치뿌리원부터 인벌류트 곡선이 시작되는 부분까지를 정의하는 필렛부 곡선의 매개 함수 표현이다. 필렛부 곡선은 다음과 같이 매개 함수식으로 주어진다.

$$x = R_p \sin\phi - (a_1/\sin\gamma + R_h)\cos(\gamma - \phi) \tag{2.33a}$$

$$y = R_p \cos\phi - (a_1/\sin\gamma + R_h)\sin(\gamma - \phi)\ (\alpha \le \gamma \le \pi/2) \tag{2.33b}$$

피치원의 반경 $R_p = \dfrac{D_1}{2}$, $\phi = (a_1/\tan\gamma + b_1)/R_p$, $R_h = c \cdot m/(1 - \sin\alpha)$

$a_1 = (h_a + c)m - R_h$, $b_1 = \pi m/4 + h_a \cdot m\tan\alpha + R_h\cos\alpha$, c는 간극 계수(the tip clearance coefficient)로 0.25로 주어진다.

참고문헌

[1] J.R. Colbourne, 1987, The Geometry of Involute Gears, Ch.7, Springer-Verlag.

[2] Park, C.I., 2019, Tooth friction force and transmission error of spur gears due to sliding friction, J. Mech. Sci. Tech., 33(3), pp.1311-1319.

[3] S. R. Schmid, B.J. Hamrock, B. O. Jacobson, 2014, Fundamentals of Machine Elements, SI Version, 3rd ed. Ch.14. CRC Press, NW.

[4] P. Lynwander, 1983, Gear Drive Systems Design and Application, Ch.2, CRC Press.

[5] S.P. Radzevich, 2010, Gear cutting tools, fundamentals of design and computation, Ch.16, CRC Press, NW.

[6] Yanning Sun, Hui Ma, Yifan Huangfu, Kangkang Chen, LinYang Che, Bangchun Wen, 2018, A revised time-varying mesh stiffness model of spur gear pairs with tooth modifications, Mechanism and Machine Theory, 129, pp.261-278.

CHAPTER 03

인벌류트 전위 스퍼 기어

인벌류트 기어는 사이클로이드 기어와 달리 표준기어의 중심거리를 변경시킬 수 있다. 표준기어는 호브 또는 래크(rack) 공구의 기준 피치원이 기어의 피치원과 일치시켜 창성한다. 표준기어는 공구 압력각에 따라 잇수가 어느 이하가 되면 공구 끝에 의해 창성 기어의 이뿌리가 깎여 들어가는 언더컷(undercut) 현상이 생겨서 이의 강도를 약하게 한다. 이를 방지하려면 그림 3.1과 같이 래크 커터의 기준 피치선을 기어의 피치원으로 부터 이동시켜 창성절삭한다. 이와 같이 래크의 기준 피치선이 창성 기어의 피치원에 접하지 않는 기어를 전위 기어(profile shifted gear, addendum modification gear)라고 한다. 전위 기어는 ① 언더컷(undercut) 방지 ② 치의 강도 증가 ③ 중심거리를 조금 변경하고, ④ 압력각에 따른 언더컷 방지 최소 잇수를 작게 할 수 있다.

래크 커터의 기준 피치선이 기어의 기준 피치원과의 거리를 전위량(amount of addendum modification)이라 하고, 전위 계수(addendum modification coefficient) x와 모듈의 곱인 xm으로 표기하며 단위는 mm이다. 래크의 기준 피치선을 기어 피치원에서 바깥으로 빼면 양(+) 전위계수가 되고, 반대로 기어 기준 피치원 안쪽으로 밀어 넣으면 음(−) 전위 계수가 된다.

그림 3.2는 전위를 주지 않은 경우 즉 래크의 기준 피치선이 기어의 기준 피치원과 일치할 때(0 위치) 언더컷이 일어난 점선 기어를 보인다. 래크의 기준 피치선을 1위치로 양(+)의 전위를 줄 때, 언더컷이 일어나지 않은 일점 쇄선 기어가 된다. 래크의 기준 피치원을 2위치로 더 많은 양(+)의 전위를 줄 때는 실선의 기어가 되며, 언더컷이 일어나지 않음은 물론 치 뿌리는 더욱 두꺼워 지고 치끝의 두께는 작아짐을 볼 수 있다. 이와 같이 양(+) 전위를 주면 치 뿌리의 두께는 커지고 치 끝의 두께는 작아진다. 또한 전위기어의 이끝 높이(addendum)는 표준기어의 이끝 높이 보다 대략 전위량 만큼 증가한다. 음(−)의 전위는 반

대로 된다.

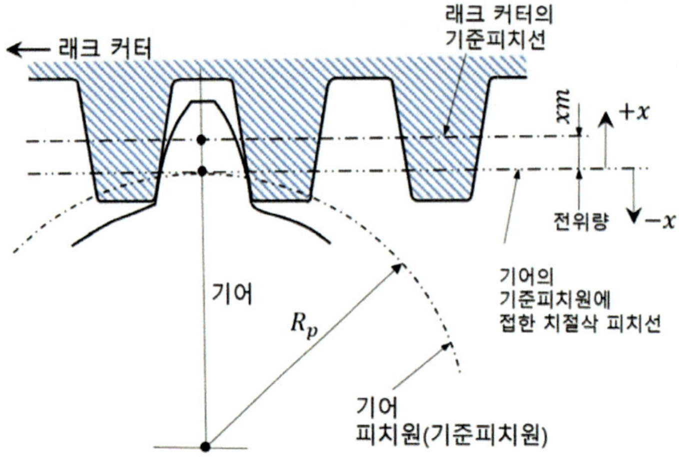

| 그림 3.1 | 전위 기어

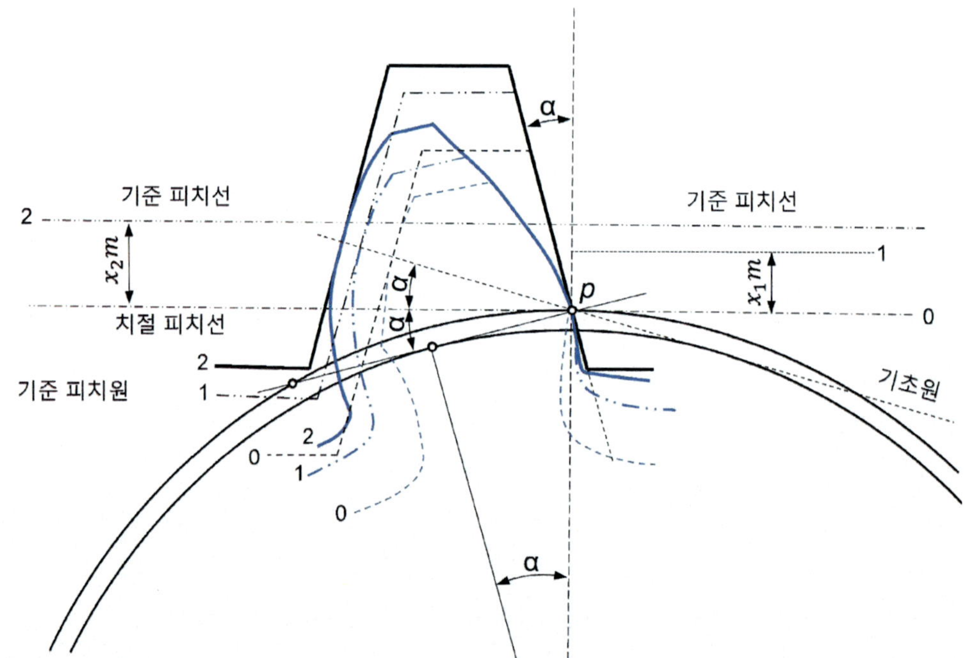

| 그림 3.2 | 전위 계수의 치형

3.1 인벌류트 스퍼 기어의 일반 방정식

(1) 인벌류트 스퍼 기어의 다음 일반 방정식을 유도하자.

$$inv\alpha_w = \frac{1}{Z_1+Z_2}\{\pi\left(1+\frac{f_n}{p_n}\right)-\frac{Z_1\eta_1+Z_2\eta_2}{2}\} \tag{3.1}$$

증명 그림 3.3으로부터

$\overline{rp}+\overline{ps'}=p_n+f_n$ 이고, 또한 $\overline{rp}+\overline{ps'}=\widehat{CA}+\widehat{ca}$이다.

즉, $\widehat{CA}+\widehat{ca}=p_n+f_n$

호 CA, ca는 그림 3.3에서 다음식으로 된다.

$\widehat{CA}=\frac{D_{b2}}{2}(2inv\alpha_w+\eta_2)$, $\widehat{ca}=\frac{D_{b1}}{2}(2inv\alpha_w+\eta_1)$

기초원은 법선피치와 $D_b=\frac{p_n Z}{\pi}$관계 이므로 호 CA, ca는 다음으로 된다.

$$\widehat{CA}=\frac{p_n Z_2}{2\pi}(2inv\alpha_w+\eta_2),\ \widehat{ca}=\frac{p_n Z_1}{2\pi}(2inv\alpha_w+\eta_1)$$

이 식을 (3.1)에 대입하면 다음 식으로 된다.

$$\therefore\ \frac{p_n Z_2}{2\pi}(2\mathrm{inv}\alpha_w+\eta_2)+\frac{p_n Z_1}{2\pi}(2\mathrm{inv}\alpha_w+\eta_1)=p_n+f_n$$

$$inv\alpha_w\frac{p_n(Z_1+Z_2)}{\pi}=p_n+f_n-\frac{p_n}{2\pi}(Z_2\eta_2+Z_1\eta_1)$$

이 식을 정리하면

$$inv\alpha_w=\frac{1}{Z_1+Z_2}\{\pi\left(1+\frac{f_n}{p_n}\right)-\frac{1}{2}(Z_2\eta_2+Z_1\eta_1)\}$$

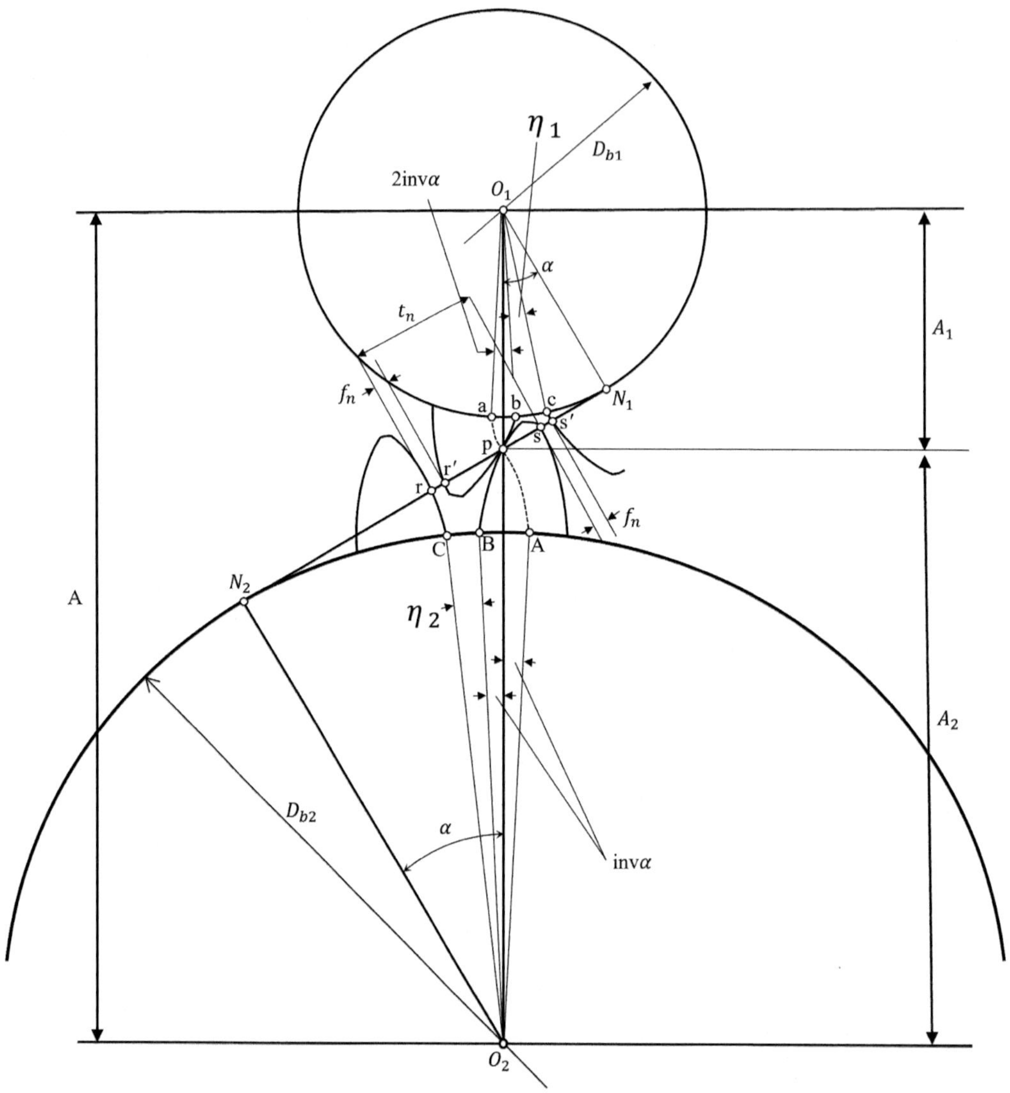

| 그림 3.3 | 인벌류트 스퍼 기어의 물림

(2) 중심거리와 기초원, 물림압력각 α_w와의 관계인 다음 식을 유도해 보자.

$$A_w = \frac{D_{b1} + D_{b2}}{2\cos\alpha_w} \tag{3.2}$$

증명 중심거리는 중심에서 구동 기어의 피치원 까지 거리 A_1과 피동 기어의 피치원 까지 거리 A_2의 합이므로 $A = A_1 + A_2$ 이므로 A_1과 A_2는 다음으로 된다.

$$A_1 = \frac{R_{b1}}{\cos\alpha_w} = \frac{D_{b1}}{2\cos\alpha_w}, \qquad A_2 = \frac{R_{b2}}{\cos\alpha_w} = \frac{D_{b2}}{2\cos\alpha_w}$$

$$\therefore\ A_w = A_1 + A_2 = \frac{D_{b1} + D_{b2}}{2\cos\alpha_w}$$

3.2 전위 스퍼 기어의 관계식

(1) 전위 스퍼 기어의 물림 방정식

인벌류트 기어의 식과 그림 3.4를 이용하여 전위 스퍼 기어의 물림 방정식을 유도하자.

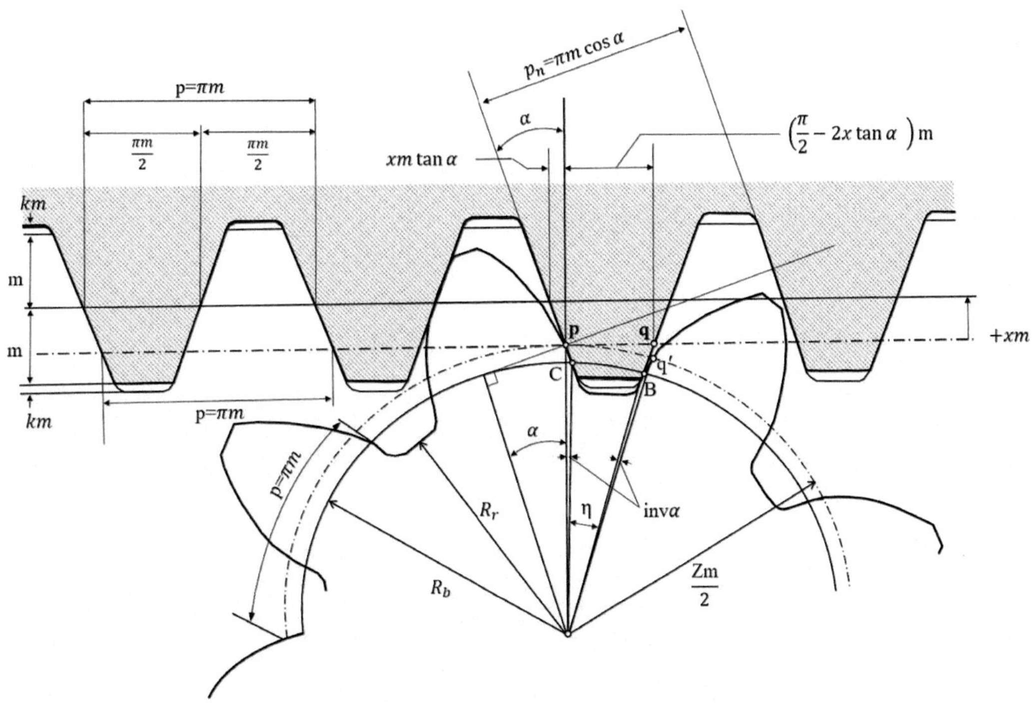

| 그림 3.4 | 래크 커터를 사용한 전위 기어의 창성

증명 그림 3.4에서 래크와 창성 기어의 관계에서 $\overline{pq} = \widehat{pq'}$이다.

선 pq 호 pq 관계는 다음 식으로 된다.

$$\overline{pq} = (\frac{\pi}{2} - 2x\tan\alpha)m$$

$$\widehat{pq} = \frac{Zm}{2}(2inv\alpha + \eta)$$

이 관계를 등가 시키면 다음으로 되고

$$\left(\frac{\pi}{2} - 2x\tan\alpha\right)m = \frac{Zm}{2}(2inv\alpha + \eta)$$

정리하면

$$\eta = \frac{\pi}{Z} - \frac{4x}{Z}\tan\alpha - 2inv\alpha$$

기어의 일반방정식 (3.1)에 η_1, η_2를 대입하여 정리하면

$$inv\alpha_w = \frac{1}{Z_1 + Z_2}\left[\pi\left(1 + \frac{f_n}{p_n}\right) - \frac{1}{2}(Z_2\eta_2 + Z_1\eta_2)\right]$$

$$= \frac{2\tan\alpha}{Z_1 + Z_2}\left(x_1 + x_2 + \frac{f_n}{2m \cdot \sin\alpha}\right) + inv\alpha$$

$y' = \dfrac{f_n}{2\mathrm{m} \cdot \sin\alpha}$ 으로 두면 전위 스퍼 기어의 물림방정식이 유도된다.

$$\therefore inv\alpha_w = 2\tan\alpha\left(\frac{x_1 + x_2 + y'}{Z_1 + Z_2}\right) + inv\alpha \tag{3.3}$$

여기서, α_w = 물림압력각, α = 공구압력각, x_1 = 구동기어 전위계수, x_2 = 피동기어 전위계수, Z_1 = 구동기어 잇수, Z_2 = 피동기어 잇수, f_n = 법선방향 백래시

이 밖의 전위 스퍼 기어의 주요 관계식을 정리하면 다음과 같다.

중심거리 : $A_w = \dfrac{Z_1 + Z_2}{2}m + ym$, 여기서 $y = \dfrac{Z_1 + Z_2}{2}\left(\dfrac{\cos\alpha}{\cos\alpha_w} - 1\right)$ (3.4)

기초원 지름 : $D_b = mZ\cos\alpha$ (3.5)

맞물림 피치원 지름 : $D_w = D_b/\cos\alpha_w$ (3.6)

이뿌리원 지름 : $D_{r1} = mz_1 - 2\{(m + km) - x_1 m\}$ (3.7a)

$$D_{r2} = mz_2 - 2\{(m+km) - x_2 m\} \tag{3.7b}$$

이끝원 지름 : $D_{01} = (Z_1 + 2)m + 2(y - x_2)m,$ (3.8a)

$$D_{02} = (Z_2 + 2)m + 2(y - x_1)m \tag{3.8b}$$

총 이높이 : $h = (2+k)m + (y - x_1 - x_2)m,$ 여기서 k=간극비 (3.9)

또한 전위 기어의 치형물림율은 다음식이 된다.

$$\varepsilon_p = \frac{\sqrt{R_{o1}^2 - R_{b1}^2} + \sqrt{R_{o2}^2 - R_{b2}^2} - (R_{w1} + R_{w2})\sin\alpha_w}{\pi m \cos\alpha} = \frac{\sqrt{R_{o1}^2 - R_{b1}^2} + \sqrt{R_{o2}^2 - R_{b2}^2} - A_w \sin\alpha_w}{\pi m \cos\alpha} \tag{3.10}$$

3.3 전위 계수의 결정

전위 계수의 결정은 기어 설계에서 중요한 부분이다. 전위 계수를 결정하는 방법은 ① 언더컷 방지를 위한 전위 계수 선정 ② 중심거리가 표준기어와 같도록 전위 계수 선정 ③ 두 기어의 기초원상의 이 두께가 같도록 전위계수의 선정 등 여러 가지가 있다.

전위 기어에 전위량이 증가하면 이뿌리 이 두께가 증가하므로 강도가 증가하나 물림률이 감소한다. 반대로 전위량이 감소하면 이 두께가 감소하므로 강도가 감소하고, 물림률이 증가한다. 여기에서는 위의 세 가지 전위 계수 선정에 대해서 기술한다.

1) 언더컷 방지를 위한 방법

초기 설계가 언더컷이 되는 기어라면, 전위를 통하여 언더컷이 사라질 때까지 치 두께가 증가시켜야 한다. 반면에 상대 치 두께는 그에 대응하여 줄어든다. 언더컷이 발생하지 않으려면 래크 공구의 이 끝이 절삭 기어의 기초원 바깥에 있어야 한다.

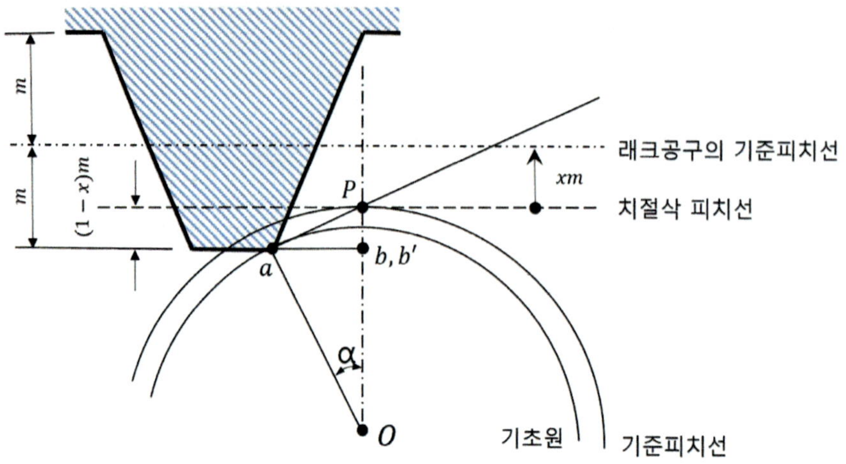

| 그림 3.5 | 언더컷 방지를 위한 전위 계수

래크 공구를 양의 방향으로 xm의 전위량을 줄경우, 래크 공구의 이끝높이 선 $\overline{Pb'}$는

$$\overline{Pb'} = (1-x)m$$

절삭 기어의 길이 $\overline{Pb}$는

$$\overline{Pb} = \overline{OP}\sin^2\alpha = \frac{mZ}{2}\sin^2\alpha$$

언더컷이 발생하지 않으려면 공구가 기초원 안쪽으로 가지 않아야 하므로

$$\overline{Pb'} \le \overline{Pb}$$

이 식에 길이 식을 적용하면

$$(1-x)m \le \frac{mZ}{2}\sin^2\alpha$$

이 식을 정리하면 전위 계수 관계식을 얻는다.

$$x \ge 1 - \frac{Z}{2}\sin^2\alpha \tag{3.11}$$

2) 중심거리가 표준 기어와 같도록 전위 계수 선정

중심거리가 표준기어가 같도록 하는 전위 계수는 기어 잇수가 작은 피니언에 양(+) 전위를 주고 잇수가 큰 기어에 음(–)의 전위를 주어 중심거리를 맞춘다.

$$x_2 = -x_1 \tag{3.12}$$

3) 기초원상 이두께를 같게 하는 방법

전위 계수 분배 관계식으로 스퍼 기어에서 기초원상의 이두께를 같게 하는 방법이다. 구동 기어와 피동 기어의 기초원상의 이두께는 기초원 반지름과 각도를 곱한 값으로 다음과 같이 표시할 수 있다.

$$R_{b1}\left(\frac{2\pi}{Z_1}-\eta_1\right)=R_{b2}\left(\frac{2\pi}{Z_2}-\eta_2\right)$$

η와 기초원 반지름은 다음과 같은 관계가 있다.

$$\eta=\frac{\pi}{Z}-\frac{4x}{Z}\tan\alpha-2inv\alpha,\ R_b=\frac{Zm\cos\alpha}{2}$$

이 관계를 대입하여 정리하면 다음과 같은 기초원상 이두께가 같을 조건의 전위 계수 관계식이 유도된다.

$$\left(\frac{x_2-x_1}{Z_2-Z_1}\right)=\frac{-inv\alpha}{2\tan\alpha} \tag{3.13}$$

여기서 α는 공구 압력각

3.4 전위 계수 및 중심거리의 한도

전위 계수는 언더컷을 방지할 수 있지만, 지나친 전위는 접근거리의 증가로 이끝의 두께가 줄어든다. 따라서 이끝의 두께는 최소 0.25 m를 갖도록 설계하는 것이 바람직하다. 기어 설계는 먼저 간섭(언더컷)이 없어야 하고, 둘째 통상적으로 적당한 백래시가 있어야 하며, 마지막으로 적당한 물림이 높이, 물림률, 이 뿌리부에 충분한 간극이 있어야 한다. 이러한 필요조건을 맞추기 위해 전위 계수의 값은 다음 범위에 있는 것을 추천한다.

$$-0.5 \le x \le 1.0 \tag{3.14}$$

전위 기어가 중심거리를 변화시킬 수 있지만 중심거리는 표준 중심거리 보다 작게 하는 것은 바람직하지 않으며, 크게 할 때 그 차이가 최대 2%와 4% 범위 내에 있고 $\sqrt{A_w f\tan\alpha}$를 초과하지 않는 범위에서 다음 관계를 만족하도록 설계한다.[(3)]

$$A_w - \sqrt{A_w f \tan\alpha} \le A_0 \le A_w \tag{3.15}$$

여기서 A_0는 표준 기어 중심거리, A_w는 전위 기어 중심거리, f는 원주방향 백래시, α는 공구압력각이다.

설계 예제

구동 기어 잇수$(Z_1) = 15$, 전위 구동 기어 이끝원지름$(D_{o1}) = 90.61$ mm, 피동 기어 잇수$(Z_2) = 19$, 전위 피동 기어 이끝원지름$(D_{o2}) = 105.94$ mm, 공구압력각$(\alpha) = 20°$, 중심거리$(A_w) = 87.55$ mm, 모듈$(m) = 5$ mm일 때, 1) 물림압력각(α_w), 2) 전위 계수(x_1, x_2), 3) 법선방향백래시(f_n), 4) 물림률(ε_p)를 구하시오.

풀이

1) 물림압력각(α_w)

표준기어중심거리: $A_0 = \dfrac{Z_1 + Z_2}{2} m, \ \therefore A_0 = \dfrac{15+19}{2}(5) = 85$ mm

중심거리: $A_w = A_0 + ym$에서 $y = 0.51$

중심거리 증가계수 관계식에서: $y = \dfrac{Z_1 + Z_2}{2}\left(\dfrac{\cos\alpha}{\cos\alpha_w} - 1\right)$, $0.51 = \dfrac{15+19}{2}\left(\dfrac{\cos 20}{\cos\alpha_w} - 1\right)$

$$\therefore \cos\alpha_w = \frac{\cos 20}{\dfrac{0.51 \times 2}{34} + 1}, \quad \alpha_w = \cos^{-1}\left(\frac{\cos 20}{\dfrac{0.51 \times 2}{34} + 1}\right) = 24.17°$$

＊별해

$$A_w = \frac{D_{b1} + D_{b2}}{2\cos\alpha_w}, \quad D_{b1} = Z_1 m \cos\alpha, \quad D_{b2} = Z_2 m \cos\alpha \text{로부터}$$

$$\cos\alpha_w = \frac{(Z_1 + Z_2)}{2A_w} m \cos\alpha = \frac{(15+19)}{2 \times 87.55} \times 5 \times \cos 20$$

$$\alpha_w = \cos^{-1}\left(\frac{(15+19)}{2 \times 87.55} \times 5 \times \cos 20\right) = 24.17°$$

2) 전위 계수(x_1, x_2)

전위 구동기어 이끝원 지름: $D_{o1} = (Z_1 + 2)m + 2(y - x_2)m$

$$90.61 = 17 \times 5 + 2(0.51 - x_2)5, \quad \therefore x_2 = -0.051$$

전위 피동 기어 이끝원 지름: $D_{o2}=(Z_2+2)m+2(y-x_1)m$

$105.94 = 21\times5+2(0.51-x_1)5,\ \therefore x_1=0.416$

3) 법선방향 백래시(f_n)

$$inv\alpha_w = 2\tan\alpha\left(\frac{x_1+x_2+y'}{Z_1+Z_2}\right)+inv\alpha$$

$inv\theta=\tan\theta-\theta\times\dfrac{\pi}{180}$ 이므로

$$\tan24.17-24.17\times\frac{\pi}{180}=2\tan(20)(\frac{0.416-0.051+y'}{15+19})+(\tan20-20\times\frac{\pi}{180})$$

$\therefore y'=0.197$

$$y'=\frac{1}{2\sin\alpha}\left(\frac{f_n}{m}\right)$$

$$\therefore f_n=\frac{y'\times2\sin\alpha}{m}=\frac{0.197\times2\sin20}{5}=0.027$$

4) 물림률(ε_p)

$$\varepsilon_p=\frac{1}{\pi m\times\cos\alpha}$$
$$\{\sqrt{\left(\frac{D_{o2}}{2}\right)^2-\left(\frac{m\times Z_2\cos\alpha}{2}\right)^2}+\sqrt{(\frac{D_{o1}}{2})^2-\left(\frac{m\times Z_1\cos\alpha}{2}\right)^2}-A_w\sin\alpha_w\}$$

$$=\frac{1}{\pi\times5\times\cos20}\{\sqrt{\left(\frac{105.94}{2}\right)^2-\left(\frac{5\times19\times\cos20}{2}\right)^2}+\sqrt{\left(\frac{90.61}{2}\right)^2-\left(\frac{5\times15\times\cos20}{2}\right)^2}$$
$$-87.55\times\sin24.17\}=1.432$$

참고문헌

[1] 정선모, 한동철, 장인배, 2012, 표준기계설계학, 동명사, 13장.

[2] 홍장표, 2022, 기계요소설계 포인트, 3판, 교보문고 13장.

[3] J.R. Colbourne, 1987, The Geometry of Involute Gears, Ch.6, Springer-Verlag.

CHAPTER 04

스퍼 기어의 하중

스퍼 기어 한 쌍의 기어가 서로 맞물려 돌아갈 때 그 위치에 따라 하중이 변한다. 기어가 한 개 혹은 두 개 물리는 저접촉 기어일 때, 물리는 위치에 따라 기어 치 하나가 물릴 때는 전체 하중을 하나가 받고, 두 개가 물릴 때는 그 하중을 나누어 받는다. 또한 기어는 미끄럼 마찰과 구름 마찰이 발생한다. 기어는 피치점에서만 구름 마찰이 있고 그 밖의 위치에서는 미끄럼과 구름 마찰이 같이 존재하며 미끄럼 마찰이 대부분을 차지한다. 스퍼 기어는 피치점을 경계로 하여 마찰의 방향이 바뀌고, 마찰력의 변동이 기어 진동의 가진원이 된다. 기어 마찰은 기어의 효율과 밀접하게 연관되므로 자동차 변속기를 포함한 기어를 사용하는 모든 동력전달 장치의 효율 향상에 직접적으로 기여할 수 있다. 이 장에서는 스퍼 기어의 마찰력을 고려하지 않고 이 하나가 물리는 경우의 하중 해석으로부터 마찰계수와 마찰력을 포함한 하중 해석을 기술한다.

4.1 마찰을 고려하지 않은 스퍼 기어의 하중

그림 4.1은 마찰력을 고려하지 않을 때의 맞물린 스퍼 기어 한 쌍의 피치점에 작용하는 힘과 모멘트 그림이다. 기어의 힘 F_n은 작용선 상에 작용하고 그 힘은 그림 4.2와 같이 접선 힘(회전력)과 반경 힘으로 분해할 수 있다.

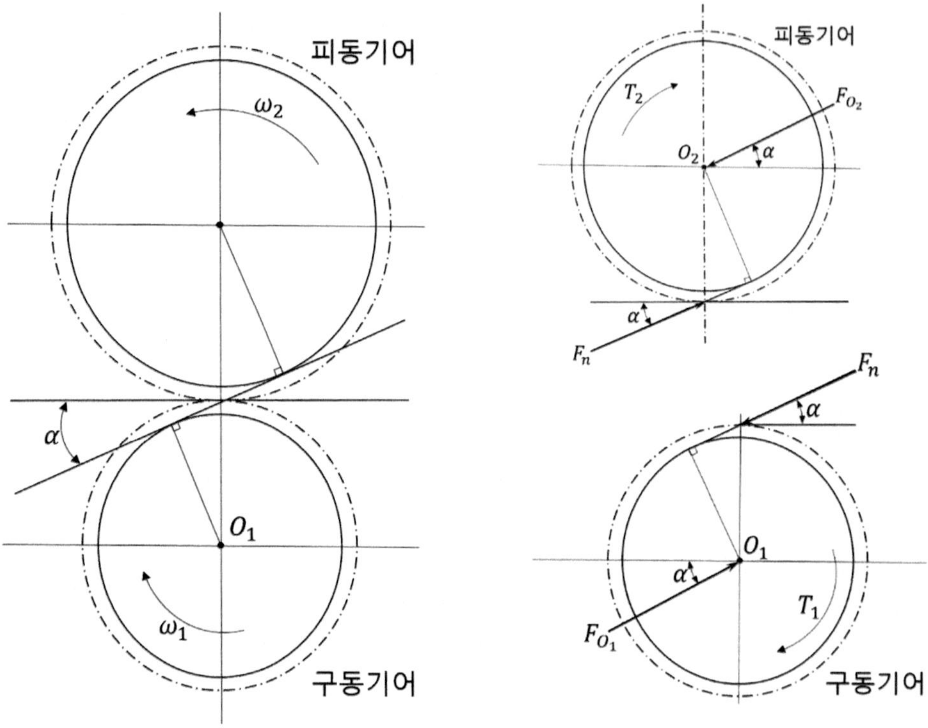

| 그림 4.1 | 스퍼 기어에 작용하는 힘과 모멘트

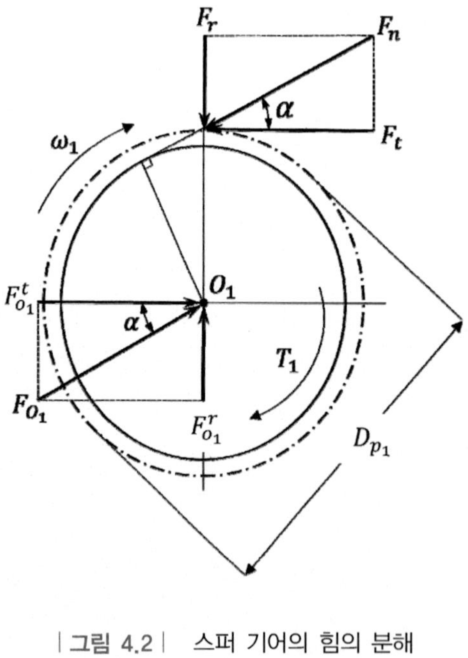

| 그림 4.2 | 스퍼 기어의 힘의 분해

$$F_t = F_n \cos\alpha \tag{4.1a}$$

$$F_r = F_n \sin\alpha \tag{4.1b}$$

접선 힘은 기어의 회전력을 전달하는 유용한 접선 하중이고, 반경 힘은 크게 유용한 목적으로 사용되지 않고 압축응력을 발생시킨다. 이 접선 하중을 F_t로 표시하고 이 하중과 피치 반경의 곱은 다음과 같이 가해진 토크가 된다.

$$T = F_t \frac{D_p}{2} \tag{4.2}$$

또한 토크에 각속도를 곱하면 다음과 같이 기어의 동력이 된다.

$$H = T\omega = (F_t D_p/2)\omega \tag{4.3}$$

각속도는 피치반경과 곱하여 피치선속도로 나타낼 수 있으며, 회전각속도 ω를 회전속도 n (rpm)으로 표시하면 피치선속도는

$$v = \pi D_p n/60 \tag{4.4}$$

동력 H (kW)을 회전속도 n를 rpm, 기어 피치 지름을 mm, 접선하중 F_t (kN)로 표현하면 다음 식으로 된다.

$$H = \frac{F_t \pi D_p n}{60000} \tag{4.5}$$

4.2 기어의 마찰력

스퍼 기어의 마찰 방향은 피치점을 중심으로 바뀐다. 이러한 마찰 방향의 변화는 마찰력 방향을 바뀌게 한다. 그림 4.3은 접근시와 퇴거시 기어 수직 힘이 작용할 때 마찰력의 방향을 보인다. 접근시 마찰력은 그림 4.3(a)와 같이 작용선에 수직한 방향으로 기어 중심으로 작용한다. 기어 중심에 대한 모멘트 평형은 수직 하중과 마찰계수를 곱한 마찰력을 얻을 수 있다. 여기서 곡률은 $\rho = R_{b1}\tan\theta$이다.

$$F_n = \frac{T_1}{R_{b1}(1-\mu\tan\theta)}, \tag{4.6a}$$

$$F_f = \mu F_n = \frac{\mu T_1}{R_{b1}(1-\mu\tan\theta)}. \tag{4.6b}$$

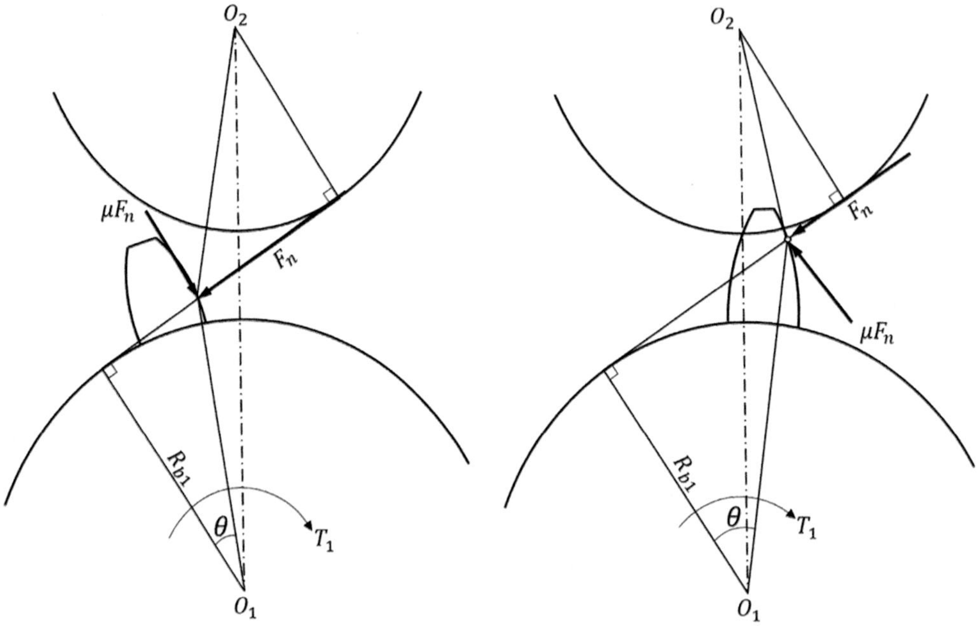

(a) 접근시의 마찰력

(b) 퇴거시의 마찰력

| 그림 4.3 | 기어의 마찰력

접근시와 반대로, 퇴거시는 그림 4.3(b)와 같이 작용선에 수직한 방향으로 기어중심으로부터 반대방향으로 마찰력이 작용한다. 이때의 모멘트 평형은 퇴거시의 수직 하중과 마찰력을 구할 수 있다. 즉, 접근시에는 마찰을 무시할 때 보다 마찰로 인해 수직 하중은 증가하고, 퇴거시에는 수직 하중은 감소한다.

$$F_n = \frac{T_1}{R_{b1}(1+\mu\tan\theta)}, \tag{4.7a}$$

$$F_f = \mu F_n = \frac{\mu T_1}{R_{b1}(1+\mu\tan\theta)}. \tag{4.7b}$$

4.3 마찰을 고려한 하중 해석

14.3.1 하중 변형 관계식

이 절에서는 기어의 기하학적 관계와 물림률이 1과 2 사이인 저접촉 스퍼 기어를 대상으로 하중이 치폭 전체에 균일하게 분포한다고 가정하여 마찰을 고려하여 하중 변형 관계식을 유도한다. 치의 하중은 치의 컴플라이언스(compliance)로 인한 변형과 제작 전달오차 사이의 기하학적 적합조건과 두 치가 받고 있는 하중의 모멘트는 전달하는 토크와 같다는 조건을 이용하여 계산한다. 그림 4.4와 같이 임의의 위치에서 c와 d치 두 개가 맞물려 있다고 가정하여, 하중 c와 d치의 수직 하중 F_{nc}, F_{nd}, 마찰력 μF_{nc}, μF_{nd}, 컴플라이언스 Q_c, Q_d, 치의 오차 E_c, E_d, 곡률 ρ_c, ρ_d와 전달 오차 Δ을 포함한 하중변형 관계식이 다음과 같이 유도된다.[1,2]

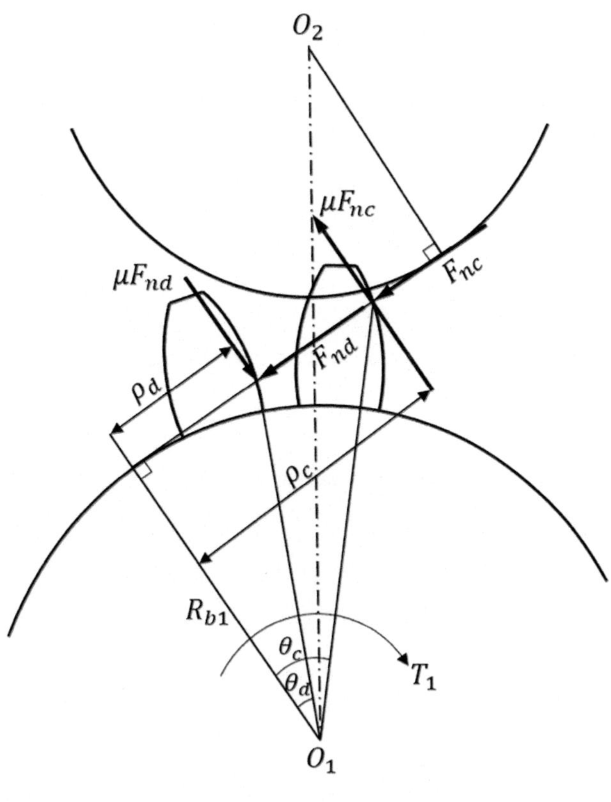

| 그림 4.4 | 맞물린 기어 치의 힘

$$\Delta + F_{nc}Q_c = E_c \tag{4.8}$$

$$\Delta + F_{nd}Q_d = E_d \tag{4.9}$$

$$F_{nd}R_{b1} + F_{nc}R_{b1} - \mu F_{nd}\rho_d + \mu F_{nc}\rho_c = T_1 \tag{4.10}$$

스퍼 기어는 한 쌍과 두 쌍의 치가 번갈아 가면서 맞물리므로 치의 하중과 전달 오차는 다음 세 가지로 나누어서 계산한다.

14.3.2 물린 치의 조건

1) 두 쌍의 치가 맞물릴 때

위의 세 식을 연립하여 계산하면 다음과 같이 전달 오차와 치의 하중이 계산된다.

전달 오차는

$$\Delta = \frac{-T_1 Q_c Q_d + E_d(R_{b1} - \mu\rho_d)Q_c + E_c(R_{b1} + \mu\rho_c)Q_d}{R_{b1}(Q_c + Q_d) + \mu(\rho_c Q_d - \rho_d Q_c)} \tag{4.11}$$

c치의 하중은

$$F_{nc} = \frac{T_1 Q_d + (E_c - E_d)(R_{b1} - \mu\rho_d)}{R_{b1}(Q_c + Q_d) + \mu(\rho_c Q_d - \rho_d Q_c)} \tag{4.12}$$

d치의 하중은

$$F_{nd} = \frac{T_1 Q_c + (E_d - E_c)(R_{b1} + \mu\rho_c)}{R_{b1}(Q_c + Q_d) + \mu(\rho_c Q_d - \rho_d Q_c)} \tag{4.13}$$

두 쌍의 치가 맞물릴 때 외에 접촉이 시작할 때 끝날 때에는 한 쌍의 치가 맞물린다. 그러나 두 쌍의 치가 맞물리는 구간에서도 과도한 치의 변형이나 치형 수정의 영향으로 치가 맞물리지 않는 쌍이 발생할 수 있다. 이 경우 치면에 작용하는 힘은 음으로 나타내어지고 이것은 치면 사이에 인장력이 작용한다는 것을 의미하므로 다음과 같이 치의 하중과 전달오차를 계산한다.

2) c 치만 맞물릴 때

$$F_{nd} = \frac{T_1 Q_c + (E_d - E_c)(R_{b1} + \mu\rho_c)}{R_{b1}(Q_c + Q_d) + \mu(\rho_c Q_d - \rho_d Q_c)} \leq 0$$

$$F_{nd} = 0 \tag{4.14}$$

$$F_{nc} = T_1/(R_{b1} + \mu\rho_c) \tag{4.15}$$

$$\Delta = E_c - F_{nc}Q_c \tag{4.16}$$

3) d 치만 맞물릴 때

$$F_{nc} = \frac{T_1 Q_d + (E_c - E_d)(R_{b1} - \mu\rho_d)}{R_{b1}(Q_c + Q_d) + \mu(\rho_c Q_d - \rho_d Q_c)} \leq 0$$

$$F_{nc} = 0 \tag{4.17}$$

$$F_{nd} = T_1/(R_{b1} - \mu\rho_d) \tag{4.18}$$

$$\Delta = E_d - F_{nd}Q_d \tag{4.19}$$

각 치의 수직하중을 구한 후 마찰력은 다음 식으로 구한다.

$$F_f = \mu F_n \tag{4.20}$$

4.4 기어 이의 마찰 계수

기어의 하중, 마찰력과 동력 손실은 치의 마찰계수와 관련이 깊고, 마찰계수는 윤활과 깊은 관련이 있다. 윤활은 경계윤활(boundary lubrication), 혼합윤활(mixed lubrication: partial elasto-hydrodynamic(EHD) lubrication), 유체윤활(hydrodynamic lubrication)의 3영역 또는 혼합윤활과 유체윤활 영역 사이에 탄성유체윤활영역을 추가하여 4영역으로 분류한다. 이 영역을 구분하는 중요한 파라미터로 다음 식을 사용할 수 있다.[3]

$$\Lambda = \frac{h_{\min}}{\sqrt{R_{q1}^2 + R_{q2}^2}} \tag{4.21a}$$

여기서 $h_{\min}$은 최소 유막 두께, R_{q1}, R_{q2}는 두 표면의 rms 표면거칠기이다.

Λ가 1보다 작으면 경계윤활, 1 이상이고 3보다 작으면 혼합윤활, 3이상이면 유체윤활, 3이상이고 10보다 작으면 탄성유체윤활로 분류 한다.

한편 다른 윤활지표로 다음식이 사용되기도 한다.[4]

$$R = \frac{\text{유막두께}}{\sum(\text{표면 거칠기})} \tag{4.21b}$$

이 지표로 경계윤활은 $R < 1$, 혼합윤활은 $R < 5$, 탄성유체윤활은 $1 < R < 10$이다. 이와 같이 분류 지표에 따라 영역이 변한다.

Hamrock-Dowson은 사각형 접촉에 대한 최소 유막 두께 $h_{\min}$을 다음 식으로 제안하였다.[3]

$$H_{\min,r} = \frac{h_{\min}}{R_x} = 1.714\,U^{0.694} G^{0.568} (W')^{-0.128} \tag{4.22}$$

여기서 유효탄성계수 E_{e12}(Pa), $\frac{1}{E_{e12}} = \frac{1}{2}\left(\frac{1-v_1^2}{E_1} + \frac{1-v_2^2}{E_2}\right)$, 유효반경 R_x(m), $\frac{1}{R_x} = \left(\frac{1}{R_{p1}} + \frac{1}{R_{p2}}\right)\frac{1}{\sin\alpha}$, b는 치폭(m), η_o 점도(Pa-s), 평균표면속도 $\bar{u}$ (m/s), $\bar{u} = \frac{(R_{p1}\omega_1 + R_{p2}\omega_2)\sin\alpha}{2}$, ξ는 유체의 압력점도계수(m^2/N)이며 무차원 하중, 속도, 재료 변수는 다음으로 주어진다.

$$W' = \frac{F_n}{bE_{e12}R_x},\ U = \frac{\eta_o \bar{u} v_{eim}}{E_{e12}R_x},\ G = \xi E_{e12} \tag{4.23}$$

기어에서 가장 중요한 영역은 탄성유체 윤활과 혼합윤활 영역이다. 각 영역에 따라 마찰계수는 달라지며 경계윤활에서 가장 크고, 혼합윤활에서 급격히 떨어져서 윤체윤활에서 베어링정수 즉 속도와 관계된 무차원수에 비례하여 증가한다.

주요한 기어의 마찰계수의 연구로 Benedict와 Kelly는 롤러시험기로 마찰을 측정하여 혼합윤활상태의 변동 마찰 계수를 제안하였다.[5] Xu는 탄성유체윤활영역에서 마찰 계수를 제안하였다.[6] Matsumoto[7]은 혼합윤활 조건에서, Schlenk[8]는 평균 마찰계수를 제안하였다.

마찰계수는 pin-on-disc에서 측정하나[9], 실제 기어면의 마찰계수의 정확한 측정은 대단히 어렵다. 실제 기어면의 측정을 위해 비접촉 와전류식 변위센서로 수직력이 작용하는 스퍼기어의 작용선 방향과 마찰력이 작용하는 작용선에 수직 한 방향의 기어 회전에 따른 변위를 측정한다. 측정된 변위로 변위와 수직력과 마찰력 관계에 의해 마찰계수를 측정한다.[10]

4.4.1 Benedict과 Kelly 마찰계수

Benedict와 Kelly [(5)]의 마찰의 경험적인 식은 평균 표면 거칠기(S_{avg})를 고려하여 SI 단위계에서 다음과 같이 주어진다.

$$\mu_{Bi} = \frac{0.0127 \times 1.13}{1.13 - S_{avg}} \cdot \log_{10}\left[\frac{29662\, W_n^{'}}{\eta_o V_{si} V_{ei}^2}\right], \tag{4.24}$$

여기서 $W_n^{'} = T_1/(b \cdot R_{p1}\cos\alpha)$, $S_{avg} = 0.5(S_1 + S_2)$, 맞물리는 기어 치에서 미끄럼 속도와 진입속도(m/s)는 $V_{si}(t) = |V_{1i}(t) - V_{2i}(t)|$, $V_{ei}(t) = |V_{1i}(t) + V_{2i}(t)|$.

이 식은 미끄럼 속도가 0이 되는 피치점에서 마찰계수가 급격히 상승한다.

4.4.2 Xu 등의 마찰계수

피치점에서 미끄럼 마찰은 없으므로 Xu 등 [(6)]은 피치점에서 마찰계수가 0이 되는 마찰계수를 제안하였다. 이 식은 비 뉴튼, 열탄성 수력 윤활(non-Newtonian, thermal elasto -hydraulic lubrication) 식을 사용하여 다음과 같이 주어진다.

$$\mu_{Xi}(t) = e^{f(SR_i(t), P_{hi}(t), \eta_o, S_{avg})} P_{hi}^{b_2} |SR_i(t)|^{b_3} V_{eim}^{b_6}(t) \eta_o^{b_7} \rho_i^{b_8}(t), \tag{4.25a}$$

$$f(SR_i(t), P_{hi}(t), \eta_o, S_{avg}) = b_1 + b_4 |SR_i(t)| P_{hi}(t) \log_{10}(\eta_o) + b_5 e^{-|SR_i(t)| P_{hi}(t) \log_{10}(\eta_o)} + b_9 e^{S_{avg}}. \tag{4.25b}$$

여기서 $b_1 = 8.92$, $b_2 = 1.03$, $b_3 = 1.04$, $b_4 = -0.35$, $b_5 = 2.81$, $b_6 = -0.10$, $b_7 = 0.75$, $b_8 = -0.39$, $b_9 = 0.62$.

맞물린 기어치에서 곡률의 축직각 상대반경(The composite relative radius of curvature) $\rho_i(t)$ (mm)은 $\rho_i(t) = \frac{\rho_{1i}(t) + \rho_{2i}(t)}{\rho_{1i}(t) + \rho_{2i}(t)}$, 맞물린 기어치에서 최대 접촉 압력(GPa)은 $P_{hi}(t) = \sqrt{\frac{W_n^{'} E_{e12}}{2000\pi\rho_i(t)}}$, 맞물린 기어치에서 무차원 구름 미끄럼비(The dimensionless slide-to-roll ratio) $SR_i(t)$과 오일진입속도 평균 $V_{eim}(t)$(m/s)는 $SR_i(t) = \frac{2V_{si}(t)}{V_{ei}(t)}$, $V_{eim}(t) = \frac{V_{ei}(t)}{2}$.

4.4.3 Matsumoto 마찰계수

Matsumoto[7]은 혼합윤활 조건에서 치의 마찰계수 μ를 유체마찰계수 μ_L과 경계 마찰계수 μ_S의 조합으로 다음과 같이 제안하였다.

$$\mu = \mu_L(1-\alpha) + \mu_S\alpha \tag{4.26}$$

여기서 $\alpha = 0.5\log D$, $D = (R_{z1} + R_{z2})/h_o$.

R_{z1}, R_{z2}는 각 표면의 표면거칠기의 최대 높이, h_o는 EHL 최소 유막 두께이다. $D=1$은 유체윤활의 시작이고 $D=100$은 경계 마찰의 시작을 의미한다. Matsumoto는 표면거칠기를 취급하는데 표면거칠기의 최대 높이 R_z를 사용하였고 다른 저자는 산술평균거칠기(the arithmetic average roughness) R_a를 사용하였다. 대부분 표면에서 R_a/R_z가 0.07-0.2이며, grinding은 01-0.15, lap 연삭은 0.05, 호브 표면은 0.2 정도이고, 마찰계수는 R_a보다는 R_z가 더 밀접하다고 주장한다.

이 마찰계수식은 치의 맞물림 위치와 관계 없이 평균적인 마찰계수를 의미하므로 피치 근처에서는 정확하지 않으므로 미끄럼 비를 포함하여 다음과 같이 수정하였다.

$\mu_i = \beta\mu$, 여기서 β는 미끄럼비(%), $\beta = 1(10 < S)$, $\beta = 0.1S\,(0 \le S \le 10)$

4.4.4 Schlenk의 마찰계수

Schlenk[8]의 평균마찰계수는 다음 식으로 주어진다.

$$\mu = 0.048\left(\frac{F_{bt}/b}{\nu_{\Sigma p}\cdot\rho_{relp}}\right)^{0.2}\eta^{-0.05}R_a^{0.25}X_L \tag{4.27}$$

각 파라미터는 헬리컬 기어를 포함하여, 기초평면에서 접선력 F_{bt}(N)는 $F_{bt} = \dfrac{H}{v_t\cos\alpha_s}$, α_s는 축직각 압력각, b는 치폭(mm), $\nu_{\Sigma p}$은 피치점 p에서 접선 속도의 합(m/s)으로 $\nu_{\Sigma p} = 2v_t\sin\alpha_{ws}$, α_{ws}는 축직각 맞물림 압력각, ρ_{relp}은 피치점에서 곡률의 축직각 상대반경(mm)으로, $\rho_{relp} = \dfrac{\rho_1\rho_2}{\rho_1+\rho_2} = \dfrac{u}{(1+u)^2}Aw\dfrac{\sin\alpha_{ws}}{\cos\beta_b}$, $u = Z_2/Z_1$는 기어비, A_w는 중심거리, β_b는 기초원 비틀림각, η는 오일의 절대 점성(mPa・s), R_a는 기어와 피니언의 평균 표

면거칠기(μm)로 $R_a = \dfrac{R_{a1}+R_{a2}}{2}$, X_L은 무차원 윤활계수로 $X_L = \dfrac{1}{\left(\dfrac{F_{bt}}{b}\right)^{0.0651}}$ (11) 또는 표 4.1 참조한다.

[표 4.1] 무차원 윤활계수 X_L

X_L	oil
0.6	water-soluble polyglycols
0.7	not water-soluble polyglycols
0.8	polyafaolefins
1.0	mineral oil
1.3	phosphate esters
1.5	traction fluid

4.5 수치예제

수치예제로 기어의 하중을 표 4.2의 스퍼 기어 데이터를 사용하여 해석한다. 기어의 입력 토크는 20 N · m 일 때 접선하중은 식 (4.2)로 $F_t = \dfrac{2T}{D_p} = 666.67$ N이며, 수직력은 4.1(a)에 의해 $F_n = \dfrac{F_t}{\cos\alpha} = 709.45$ N로 계산된다. 마찰이 있을 때 치형수정을 하지 않은 인벌류트 치형에 대해 식 (4.8)-(4.10)을 연립하여 스퍼기어의 수직력과 마찰력 컴퓨터 프로그램하여 해석하였다. 이 식들의 치의 컴플라이언스는 9장에 기술한다.

[표 4.2] 기어 데이터

	구동 기어	피동 기어
모듈 (mm)	2	
공구 압력각	20°	
중심거리 (mm)	58	
치높이 (mm)	4.26	
잇수	30	26
치폭 (mm)	13	13
바깥 반지름 (mm)	32.9	28.86
피치원 반지름 (mm)	30	26
이뿌리원 반지름 (mm)	28.64	24.6
전위계수	0.57	0.55

기어는 적당한 윤활 조건이 부여될 때 마찰계수는 0.2까지 변한다고 가정하여, 그림 4.5(a)는 마찰계수가 0에서 0.1과 0.2로 변할 때 스퍼 기어의 수직력의 해석한 결과이다. 파란색 실선으로 표시된 마찰이 없을 경우, 두 개의 치, 한 개의 치, 두 개의 치 맞물리는 순으로 변화하며, 그에 따라 수직력은 약 365, 709, 365 N 순으로 변화한다. 마찰계수가 0.1인 녹색 점선의 경우, 수직력의 변화는 한 개의 치만 물리는 구간에서 현저하며, 접근 시에 증가하고 퇴거 시에는 줄어든다. 마찰계수가 0.1에서 0.2로 커질수록 이 현상은 커지고 두 개의 치가 맞물리는 구간에서는 상대적으로 크지 않다.

그림 4.5(b)는 미끄럼 마찰력을 계산한 것으로, 마찰력의 방향이 음에서 양으로 바뀐다. 마찰력이 음인 경우는 그림 4.4의 μF_{nd}의 방향을 나타내고, 양인 경우는 μF_{nc}의 방향을 나타낸다. 한 개의 치가 맞물릴 때와 두 개의 치가 맞물릴 때에 따라 계단형태로 마찰력의 크기가 달라진다.

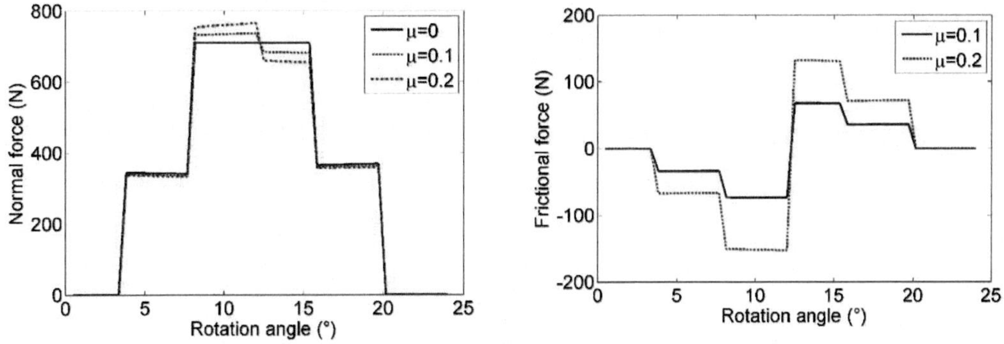

(a) 수직력 (b) 마찰력

| 그림 4.5 | 스퍼 기어의 수직력과 마찰력

그림 4.6은 Benedict와 Kelly에 의한 마찰계수(BK), Xu에 의한 마찰계수로 식 (4.8)-(4.10)을 사용하여 기어의 수직력과 마찰력을 해석한 그림이다. BK에 의한 마찰계수가 Xu에 의한 마찰계수보다 좀 더 크고, 피치점에서 피크를 발생시키나, Xu에 의한 마찰계수는 피치점에서의 피크가 있는 점이 불합리하므로 이를 개선하여 하중 전개가 수직력과 마찰력 모두 부드럽게 변화한다.

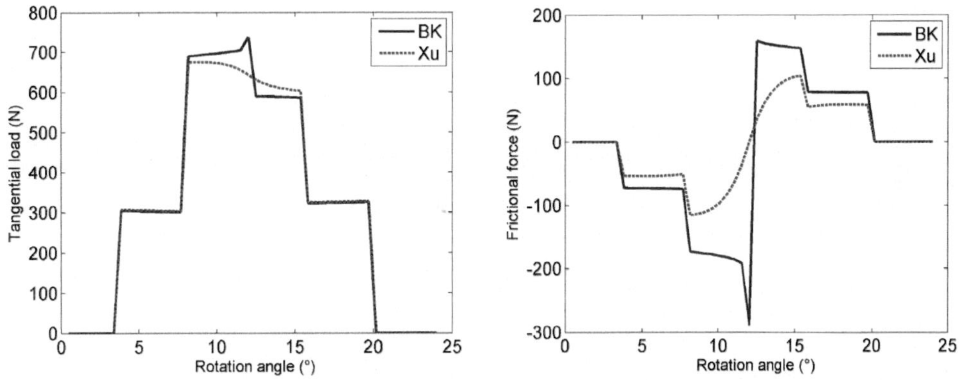

(a) 수직력 (b) 마찰력

| 그림 4.6 | 마찰계수가 변할 때의 스퍼 기어의 수직력과 마찰력

참고문헌

[1] Park, C. I., 2019, Tooth friction force and transmission error of spur gears due to sliding friction, Journal of Mechanical Science and Technology, 33(3), pp.1311-1319.

[2] 박찬일, 2019, 스퍼 기어의 이뿌리 응력 해석에서 미끄럼 마찰의 영향, 대한기계학회 논문집 A, 43(7), pp.459-465.

[3] S. R. Schmid, B.J. Hamrock, B. O. Jacobson, 2014, Fundamentals of Machine Elements, SI Version, 3rd ed. Ch.13. CRC Press, NW.

[4] K. F. Martin, 1978, A review of friction predictions in gear teeth, Wear, 49, pp.201-238.

[5] Benedict, G. H., Kelley, B. W., 1961, Instantaneous Coefficients of Gear Tooth Friction, Trans. of the American Society of Lubrication Engineers, 4, pp.59-70.

[6] Xu, H., Kahraman, A., Anderson, N. E., Maddock, D. G., 2007, Prediction of Mechanical Efficiency of Parallel-Axis Gear Pairs, ASME J. Mech. Design, 129(1), pp.58-68.

[7] Matsumoto, S., Morikawa, K., 2014, The new estimation formula of coefficient of friction in rolling-sliding contact surface under mixed lubrication condition for the power loss reduction of power transmission gears, Proc. of Int. Gear Conf., Lyon, France, 26-28, Aug., 2014, Vol. II, pp.1078-1088.

[8] Schlenk, L. 1994, Untersuchungen zur Fresstragfähigkeit von Grossahnräedern, Ph.D. Dissertation, TU München.

[9] Williams, J., 2005, Engineering Tribology, Cambridge, NY.

[10] 박찬일, 주재엽, 이상준, 2020, 변위 측정에 의한 스퍼기어의 마찰계수 추정과 하중 전달 해석, 대한기계학회 논문집 A, 44(11), pp.787-793.

[11] Diez-Ibarbia, A., Fernandez-del-Rincon, A., de-Juan, M. Iglesias, A., Garcia, P., Viadero, F., 2018, Frictional power losses on spur gears with tip reliefs. The friction coefficient role, Mechanism and Machine Theory, 121, pp.15-27.

[12] P.J. Blau, 1995, Friction science and technology, Marcel Dekker, Inc., New York.

CHAPTER 05

헬리컬 기어

스퍼 기어는 축방향으로 치의 방향이 평행하나, 헬리컬 기어는 비틀림각이 있어 축방향과 치의 방향이 기울어져 있다. 이러한 비틀림각으로 스퍼 기어보다 많은 치가 물려서 치의 하중 분담이 적어지고 그에 따라 응력이 적어져서 같은 재질에서 더 큰 하중을 지지할 수 있다. 치가 물리는 접촉선이 점접촉으로 시작하여 점진적으로 커지다가 작아지게 되고 최종 점접촉으로 끝난다. 이러한 점진적 물림은 부드러운 하중의 전달이 이루어지게 되고, 치의 강성의 변화가 부드럽게 되어 스퍼 기어에 비해 진동소음이 작아서 고속, 고하중의 전달이 가능하게 된다. 단점으로 헬리컬 기어의 치의 방향이 축에 기울어져 있으므로 축방향의 하중이 발생한다. 이러한 축방향 하중을 지지하기 위한 베어링이 필요하고 축방향 하중이 커질때는 이 하중을 상쇄시키기 위해 비틀림각이 대칭되는 더블 헬리컬 기어(double helical gar)가 사용된다.

인벌류트 치형을 가진 평행축 스퍼 기어가 맞물려서 돌아가려면 압력각과 모듈이 같으면 된다. 인벌류트 치형을 가진 헬리컬 기어가 두 축이 평행하게 맞물려서 돌아가려면 압력각과 모듈이 같아야 하는 것 외에 비틀림각의 크기가 같아야 하고 두 기어 비틀림각의 방향이 반대여야 한다는 두 조건이 추가된다. 즉, 구동 기어의 비틀림각이 우 비틀림(right-hand, RH)각이면 피동 기어는 좌 비틀림(left-hand,LH)각을 가져야 한다. 우 비틀림각 기어는 오른손 엄지를 축방향과 일치시키고, 엄지를 제외한 손의 방향과 일치한다. 좌 비틀림각 기어는 왼손 엄지를 축방향과 일치시키고, 엄지를 제외한 손의 방향과 일치한다. 그러나 비틀림각의 방향은 서로 반대이나 비틀림각의 크기가 다르면 축은 서로 평행하지 않고 교차한다.

5.1 헬리컬 기어의 곡면과 치형 표시

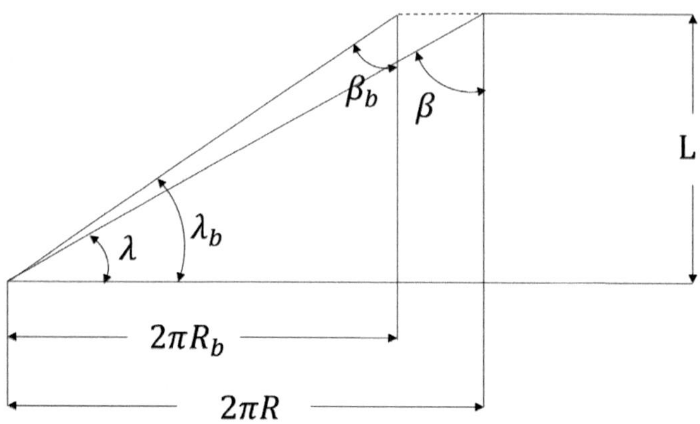

| 그림 5.1 | 헬리컬 각과 리드 각

헬리컬 기어의 곡선은 헬리코이드 곡선으로 이루어진다. 즉, 그림 5.1에서 리드각 λ_b와 헬리컬각 β_b을 갖고 가로 $2\pi R_b$ 높이(리드) L인 직각삼각형이 기초원 반경을 가진 원통에 감았을 때 이루는 곡선이 헬리코이드 곡선이다.[1] 헬리컬 기어는 치의 인벌류트 곡선이 기초원 원통위에서 헬리코이드 곡선을 따라 그림 5.2와 같이 형성되는 곡면을 갖는다.

인벌류트의 곡선과 필렛부 곡선은 2장에서 상세히 기술하였다. 이러한 축직각 평면에서 인벌류트와 필렛부의 곡선을 포함하는 X_s, Y_s 좌표식이 얻어졌을 때, 이 곡선 식을 사용하여 그림 5.2와 같은 좌표계에서 헬리컬 기어의 곡면은 다음과 같이 주어진다.[2]

$$X = X_s \cos\psi - Y_s \sin\psi \tag{5.1a}$$

$$Y = X_s \sin\psi + Y_s \cos\psi \tag{5.1b}$$

$$Z = R_b \psi \cot\beta_b \tag{5.1c}$$

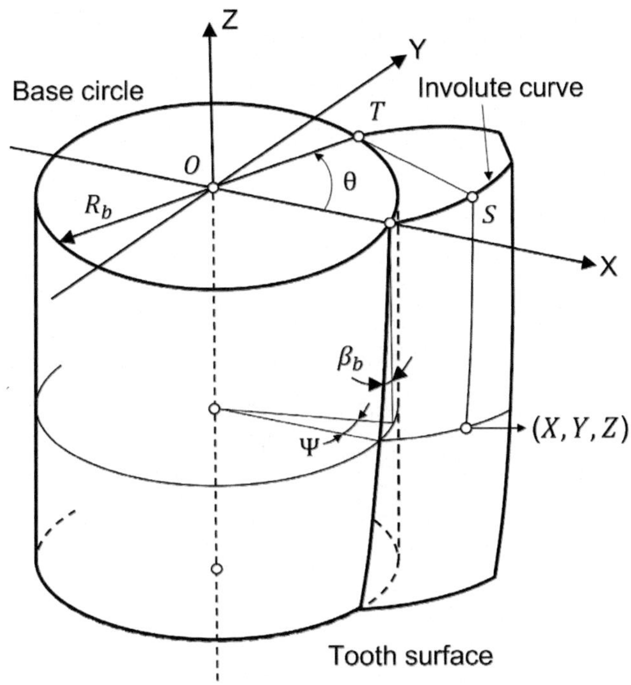

| 그림 5.2 | 헬리컬 기어의 곡면

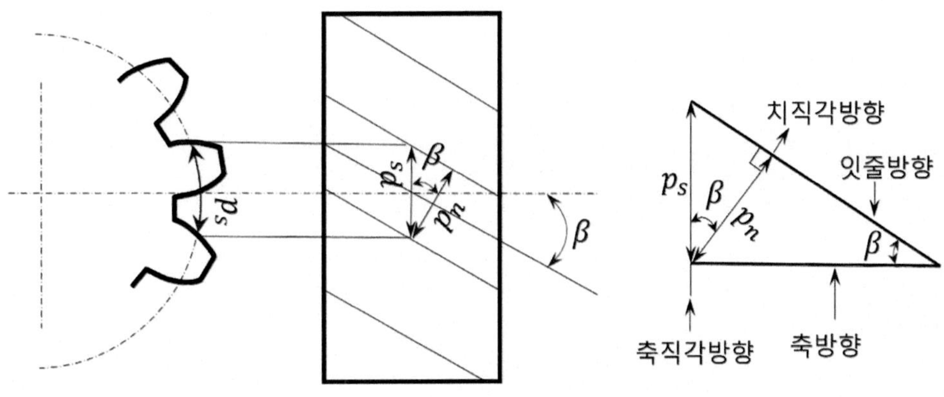

| 그림 5.3 | 헬리컬 기어의 축직각과 치직각

헬리컬 기어는 헬리컬 각 때문에 치를 치직각 평면과 축직각 평면으로 정의한다. 그림 5.3과 같이 축직각 평면은 축에 직각인 평면에서 정의하고, 치직각 평면은 치에 직각인 평면으로 정의한다. 따라서 축직각 평면에서 축직각 피치 p_s, 축직각 압력각 α_s, 축직각 모듈 m_s은 비틀림각 β에 대해 치직각 평면에서 치직각 피치 p_n, 치직각 압력각 α_n, 치직각 모듈

m_n이 되고 다음의 관계를 갖는다.[3,4]

$$p_s\cos\beta = p_n \tag{5.2}$$

$$m_s\cos\beta = m_n \tag{5.3}$$

$$\tan\alpha_s\cos\beta = \tan\alpha_n \tag{5.4}$$

치직각 방식은 가공에서 스퍼 기어와 같은 랙이나 호브를 사용하므로 경제적이고 편리하다. 또한 치직각 모듈과 치직각 압력각이 공구의 모듈과 압력각과 같게 된다. 그러나 축직각 방식은 피니언 커터를 사용하고 가공이 복잡하다. 축직각 평면이 인벌류트 치형이 되고, 스퍼 기어의 여러 설계식은 축직각 평면의 식과 일치한다. 즉, 축직각 모듈은 피치원 지름 D_s를 잇수 Z_s로 나눈 다음으로 정의 된다.

$$m_s = \frac{D_s}{Z_s} \tag{5.5}$$

예제 1

기초원 비틀림각, 비틀림각과 축직각 압력각과의 관계가 $\tan\beta_b = \tan\beta\cos\alpha_s$임을 증명하시오.

풀이

그림 5.1에서 리드가 같다는 관계에서 $L = 2\pi R\cot\beta = 2\pi R_b\cot\beta_b$와 $R_b = R\cos\alpha_s$이다. 두 식 관계를 연립하면 다음 관계를 얻는다.

$$\tan\beta_b = \tan\beta\cos\alpha_s$$

예제 2

$\tan\beta_b = \dfrac{\tan\beta}{\sqrt{1+\left(\dfrac{\tan\alpha_n}{\cos\beta}\right)^2}}$임을 증명하시오.

풀이

$1+\tan^2 x = \sec^2 x$에서 $\cos\alpha_s = \dfrac{1}{\sqrt{1+\tan^2\alpha_s}}$, $\tan\alpha_s\cos\beta = \tan\alpha_n$에서

$$\cos\alpha_s = \frac{1}{\sqrt{1+\left(\frac{\tan\alpha_n}{\cos\beta}\right)^2}}, \ \cos\alpha_s = \frac{\tan\beta_b}{\tan\beta} \text{ 이므로}$$

$$\tan\beta_b = \frac{\tan\beta}{\sqrt{1+\left(\frac{\tan\alpha_n}{\cos\beta}\right)^2}}$$

5.2 표준 헬리컬 기어 설계

표준 헬리컬 기어에서 바깥지름, 치높이와 중심거리는 다음 식으로 각각 주어진다.

$$D_o = D_s + 2m_n = \left(\frac{Z_s}{\cos\beta} + 2\right)m_n \tag{5.6}$$

$$h = (2+k)m_n, \ \text{여기서 } k\text{는 간극비} \tag{5.7}$$

$$C = \frac{D_{s1}+D_{s2}}{2} = \frac{(Z_{s1}+Z_{s2})m_s}{2} = \frac{(Z_{s1}+Z_{s2})m_n}{2\cos\beta} \tag{5.8}$$

헬리컬 기어의 강도식은 스퍼 기어와 유사한 식을 사용하게 되고, 이를 위해 치직각 평면으로 상당 잇수, 상당 피치원 지름을 계산한다. 축직각 평면에서의 원은 치직각 평면에서는 타원이 된다. 따라서 다소의 계산에 의해 상당 피치원 지름과 상당 잇수는 다음으로 주어진다.

$$D_e = \frac{D_s}{\cos^2\beta} \tag{5.9}$$

$$Z_e = \frac{Z_s}{\cos^3\beta} \tag{5.10a}$$

(5.10a)는 실용적인 목적으로 잘 사용될 수 있는 근사식이다. 정확한 식은 다음으로 주어진다. [(1)]

$$Z_e = \frac{Z_s}{\cos^2\beta_b\cos\beta} \tag{5.10b}$$

또한 언더컷 방지를 위한 기어의 피치원 지름은 다음을 만족해야 한다.

$$h_a \le \frac{D_s}{2}\sin^2\alpha_s$$

h_a는 이끝높이로 보통이는 m_n이고 $D_s = m_s Z_s = \frac{m_n Z_s}{\cos\beta}$관계를 대입하면 헬리컬 기어의 최소 잇수는 다음으로 주어진다.[(5)]

$$Z_{\min} = \frac{2}{\sin^2\alpha_s}\cos\beta \tag{5.11}$$

5.3 전위 헬리컬 기어 설계

전위 헬리컬 기어 설계는 표준 헬리컬 기어에서 전위 계수가 포함된다. 전위 헬리컬 기어식은 전위 스퍼 기어의 식을 적용하기 위해 치직각 모듈과 치직각 전위 계수를 사용한다. 축직각 전위 계수 x_s와 치직각 전위 계수 x_n관계식은 다음과 같다.

$$x_s = x_n \cos\beta \tag{5.12}$$

전위 헬리컬 기어의 물림 방정식은 백래시 항 y_c를 고려할 때, 물림 압력각 α_{ws}관계식은 다음으로 주어진다.

$$inv\alpha_{ws} = 2\tan\alpha_n\left(\frac{x_{n1} + x_{n2} + y_c}{Z_1 + Z_2}\right) + inv\alpha_s \tag{5.13}$$

여기서 x_{n1}, x_{n2}는 구동 기어와 피동 기어의 치직각 전위 계수, $y_c = \frac{\cos\beta}{2\sin\alpha_s\sqrt{1-\sin^2\beta\cos^2\alpha_n}}\left(\frac{f_n}{m_n}\right)$, f_n은 법선방향 백래시.

그 밖의 헬리컬 기어의 주요 설계 관계식은 다음과 같다.[(6,7)]

중심거리

$$A_w = \frac{Z_1 + Z_2}{2\cos\beta}m_n + y m_n \tag{5.14}$$

여기서 $y = \frac{Z_1 + Z_2}{2\cos\beta}\left(\frac{\cos\alpha_s}{\cos\alpha_{ws}} - 1\right)$.

구동 기어의 바깥지름

$$D_{o1} = \left(\frac{Z_1}{\cos\beta} + 2\right)m_n + 2(y - x_{n2})m_n \tag{5.15a}$$

피동 기어의 바깥지름

$$D_{o2} = \left(\frac{Z_2}{\cos\beta} + 2\right)m_n + 2(y - x_{n1})m_n \tag{5.15b}$$

전치 높이

$$h = (2 + k)m_n - (x_{n1} + x_{n2} - y)m_n \tag{5.16}$$

여기서 k는 간극비

5.3.1 전위 계수 선정

헬리컬 기어의 전위 계수를 결정하기 위한 방법으로 언더컷 방지를 위한 전위 계수 결정과 기초원상 이두께가 같을 조건의 전위 계수 관계식을 기술한다.

1) 언더컷 방지를 위한 전위 계수

언더컷 방지를 위한 전위 계수의 한계값은 최소 잇수 식 (5.11)을 사용하여 다음과 같이 된다.

$$x_n = 1 - \frac{Z}{Z_{\min}} \tag{5.17}$$

2) 기초원상 이두께가 같을 조건의 전위 계수

헬리컬 기어의 기초원상 이두께가 같을 조건의 전위 계수 관계식을 유도해 보자.

치직각 전위 계수 x_n 전위한 치절 원주상의 축직각 이두께는 $S = \left(\frac{\pi}{2} + 2x_n \tan\alpha_n\right)m_s$이고, 기초원상의 이두께의 중심각은 $\theta_b = \frac{S}{D_s/2} + 2inv\alpha_s$이다. 기어 잇수 Z_1, Z_2의 치직각 전위 계수 x_{n1}, x_{n2}일 때, 기초원상의 이 두께를 갖게 하면 $R_{b1}\theta_{b1} = R_{b2}\theta_{b2}$ 관계를 갖는다.

이 식에 대입하여 $\frac{R_{b1}}{Z_1} = \frac{R_{b2}}{Z_2}$의 관계를 적용하면 헬리컬 기어의 기초원상 이두께가 같을 조건의 전위 계수 다음의 관계식이 얻어진다.

$$\left(\frac{x_{n1}-x_{n2}}{Z_1-Z_2}\right)=\frac{-inv\alpha_s}{2\tan\alpha_n} \tag{5.18}$$

5.4 헬리컬 기어의 물림률

헬리컬 기어의 물림률은 스퍼 기어의 치형 물림률 외에 비틀림각에 의한 치폭 물림률이 있다. 헬리컬 기어의 전위를 포함한 치형 물림률은 전위 스퍼 기어와 유사하게 다음 식으로 주어진다.

$$\varepsilon_p=\frac{\sqrt{R_{o1}^2-R_{b1}^2}+\sqrt{R_{o2}^2-R_{b2}^2}-A_w\sin\alpha_{ws}}{\pi m_s\cos\alpha_s} \tag{5.19}$$

치폭 물림률(Face contact ratio, Helix overlap)은 다음 식으로 주어진다.

$$\varepsilon_b=\frac{b\tan\beta_b}{\pi m_s\cos\alpha_s} \tag{5.20}$$

여기서 b는 치폭, β_b는 기초원상의 비틀림각

따라서 총 물림률은 치형 물림률과 치폭 물림률을 합한 다음 식으로 표현된다.

$$\varepsilon=\varepsilon_p+\varepsilon_b \tag{5.21}$$

예제 3

피니언의 잇수 26, 기어의 잇수 30, 치직각 모듈 2 mm, 중심거리 58 mm, 치폭 13 mm, 치직각 압력각 20°, 비틀림각 20° 만족하는 헬리컬 기어를 설계하시오. 단, 이끝틈새 $c=0.25\,\mathrm{m}_n$이다.

풀이

정면 압력각 : $\alpha_s=\tan^{-1}(\frac{\tan20}{\cos20})=21.1728$

중심거리 관계식 : $A_x=(\frac{z_1+z_2}{2\cos\beta_0}+y)m_n$에서, $58=(\frac{26+30}{2\cos20}+y)2$, 중심거리 증가계수 $y=-0.7970$

중심거리 증가계수 : $y=\frac{Z_1+Z_2}{2\cos\beta}(\frac{\cos\alpha_s}{\cos\alpha_{ws}}-1)$, $-0.7970=\frac{26+30}{2\cos 20}(\frac{\cos 21.1728}{\cos\alpha_{ws}}-1)$

$$\therefore\ \alpha_{ws}=16.6494^\circ$$

정면 맞물림 압력각 : $inv\alpha_{ws}=2\tan\alpha_n\left(\frac{x_{n1}+x_{n2}}{Z_1+Z_2}\right)+inv\alpha,$

$inv\theta=\tan\theta-\theta\times\frac{\pi}{180}$ 이므로

$\tan 16.6494-16.6494\times\frac{\pi}{180}=2\tan(20)(\frac{x_{n1}+x_{n2}}{26+30})+[\tan 21.1728-21.1728\times\frac{\pi}{180}]$

전위 계수의 합은 $x_{n1}+x_{n2}=-0.7176$

전위 계수의 분배를 위해 언더컷 최소잇수를 계산하면 $Z_{\min}=\frac{2}{\sin^2\alpha_s}\cos\beta=14.4$이므로

언더컷 문제는 없다.

기초원상 이두께가 같을 조건의 전위 계수 $\left(\frac{x_{n2}-x_{n1}}{Z_2-Z_1}\right)=\frac{-inv\alpha_s}{2\tan\alpha_n}$로 전위 계수의 차를

구하면

$x_{n2}-x_{n1}=(Z_2-Z_1)\frac{-inv\alpha_s}{2\tan\alpha_n}=-(30-26)(\tan 21.1728-21.1728\times\frac{\pi}{180})/2\tan 20$

$=-0.0978$

위의 전위 계수 합과 차를 이용하여 전위 계수를 구한다.

$$\therefore\ x_{n1}=-0.3099,\quad x_{n2}=-0.4077$$

전위 계수를 적용하여 다음과 같이 설계치수를 구한다.

기준 피치원 지름 : $D_{s1}=\frac{Z_1 m_n}{\cos\beta}$, $D_{s2}=\frac{Z_2 m_n}{\cos\beta}$

$$\therefore D_{s1}=\frac{26\times 2}{\cos 20}=55.3372,$$

$$D_{s2}=\frac{30\times 2}{\cos 20}=63.8507$$

물림 피치원 지름 : $D_{w1} = 2A_w\left(\dfrac{Z_1}{Z_1 + Z_2}\right)$, $D_{w2} = 2A_w\left(\dfrac{Z_2}{Z_1 + Z_2}\right)$

$$\therefore D_{w1} = 2 \times 58\left(\frac{26}{26 + 30}\right) = 53.8571,$$

$$D_{w2} = 2 \times 58\left(\frac{30}{26 + 30}\right) = 62.1429$$

이끝원 지름 : $D_{o1} = \left(\dfrac{Z_1}{\cos\beta} + 2\right)m_n + 2(y - x_{n2})m_n$, $D_{o2} = \left(\dfrac{Z_2}{\cos\beta} + 2\right)m_n + 2(y - x_{n1})m_n$

$$\therefore D_{o1} = \left\{\frac{26}{\cos 20} + 2 + 2(-0.7970 + 0.4077)\right\}2 = 57.78,$$

$$D_{o2} = \left\{\frac{30}{\cos 20} + 2 + 2(-0.7970 + 0.3099)\right\}2 = 65.90$$

전치높이 : $h = (2 + y - x_{n1} - x_{n2})m_n + c$

$h = (2 + (-0.7970) + 0.3099 + 0.4077)2 + 0.25 \times 2$

$$\therefore h = 4.0932$$

이뿌리원 지름

$D_{r1} = D_{o1} - 2h = 57.78 - 2 \times 4.0932$

$$\therefore D_{r1} = 49.59$$

$D_{r2} = D_{o2} - 2h = 65.90 - 2 \times 4.0932$

$$\therefore D_{r2} = 57.71$$

5.5 헬리컬 기어의 하중

5.5.1 비틀림각과 회전방향에 따른 축하중[3]

그림 5.4는 비틀림각과 회전방향에 따른 헬리컬 기어의 힘의 방향을 보인다. 그림 5.4(a)는 우비틀림각 구동 기어가 좌 비틀림각 피동 기어와 맞물려 있고, 구동 기어는 시계방향으로 회전하고, 그림 5.4(b)는 우비틀림각 구동 기어가 좌 비틀림각 피동 기어와 맞물려 있고, 구동 기어는 반시계방향으로 회전한다. 비틀림각에서 회전하는 방향이 바뀜에 따라 치면에 작용하는 하중이 바뀌어서 각 기어의 축방향 하중이 반대로 된다.

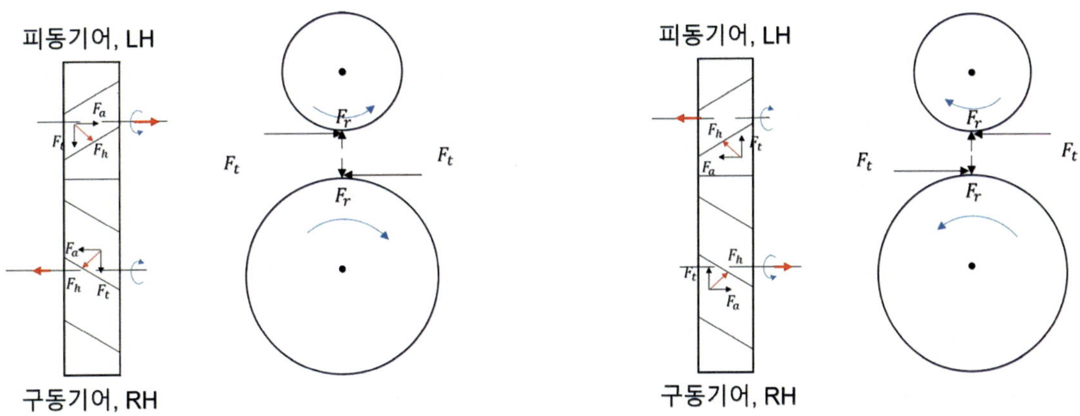

(a) 구동 기어의 시계방향 회전　　(b) 구동 기어의 반시계방향 회전

| 그림 5.4 | 헬리컬 기어의 회전방향에 따른 힘의 방향

5.5.2 헬리컬 기어의 하중[8]

그림 5.5와 같이 기어에 작용하는 전체 하중이 F라면 반경 방향 하중 F_r, 접선 방향 하중, F_t 축방향 하중 F_a은 다음과 같이 된다.

$$F_r = F\sin\alpha_n \tag{5.22a}$$

$$F_t = F\cos\alpha_n\cos\beta \tag{5.22b}$$

$$F_a = F\cos\alpha_n\sin\beta \tag{5.22c}$$

가해진 토크에 의해 접선 방향 하중(회전력)이 정해지므로 접선 방향 하중에 의해 반경방향 하중과 축방향 하중은 다음으로 구해진다.

$$F_r = F_t \tan\alpha_n / \cos\beta \tag{5.23a}$$

$$F_a = F_t \tan\beta \tag{5.23b}$$

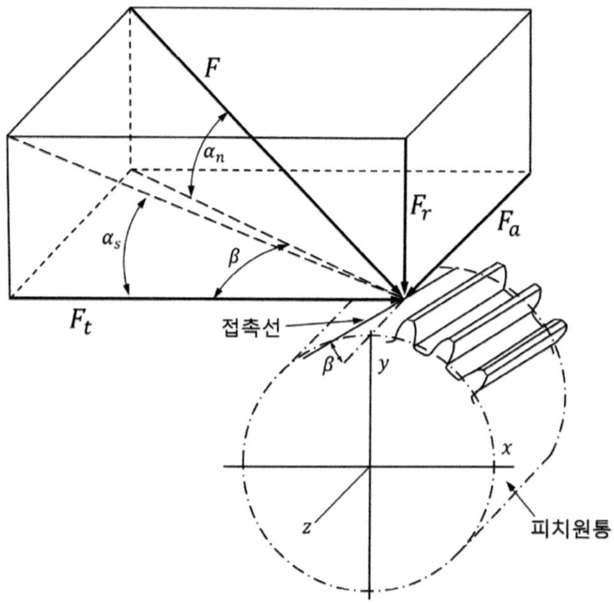

| 그림 5.5 | 헬리컬 기어의 각 방향의 하중

5.5.3 접촉선 좌표 및 치 강성을 포함한 마찰을 고려하지 않은 하중 해석

헬리컬 기어의 물림 현상은 한 평면에서 나타낼 수 있으며 그 평면을 작용평면(plane of action)이라고 한다. 이 작용평면은 치폭과 치의 접촉 영역의 길이로 이루어져 있다. 치의 물림은 이 작용평면에서 기초원의 비틀림 각을 가진 직선으로 나타나며 이를 접촉선(Line of contact)이라 하고 기초원 비틀림각 β_b 만큼 기울어져 있다. 우 비틀림 각을 가진 기어에서는 그림 5.6에서 보는 바와 같이 우하단의 점 S로부터 물림이 시작되어 좌상단의 점 E에서 물림이 끝나고 접촉선의 길이도 대체로 증가, 일정, 감소하는 형태로 변하게 된다.

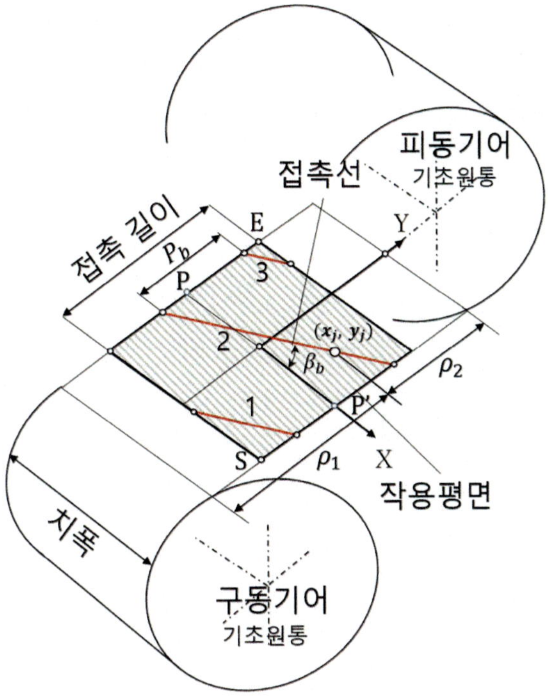

| 그림 5.6 | 헬리컬 기어의 작용평면

1) 접촉선의 계산

접촉선은 우하단 점 S에서 물림이 시작되면 다른 치는 기초원 피치만큼 떨어진 위치에서 물리게 된다. 따라서 물림이 진행됨에 따라 접촉선은 변하게 되고 작용선의 전체 합도 변한다.

2) 마찰을 고려하지 않을 때의 치의 강성을 포함한 하중 및 전달오차 계산[(9)]

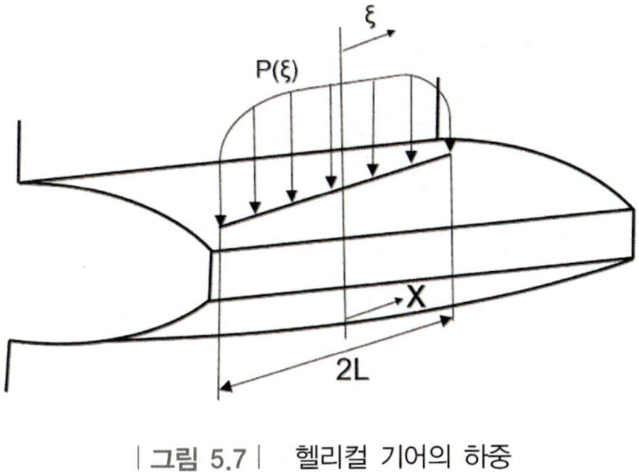

| 그림 5.7 | 헬리컬 기어의 하중

그림 5.7의 좌표계에서 접촉선 2L을 따라 마찰을 고려하지 않을 때, 단위길이당 하중분포 $p(\xi)$는 다음 식으로 나타낸다.

$$\int_{-L}^{L} K_b(x,\xi)p(\xi)d\xi + K_c(x)P(x) = \{\Delta - e(x)\}\cos\beta_b \qquad (5.24)$$

여기서 $K_b(x,\xi)$는 굽힘영향함수, $K_c(x)$는 접촉영양함수이고 9장에서 해석 방법을 기술한다. Δ는 축직각 전달오차, $e(x)$는 축직각 치의 오차이다.

한 접촉 선에 작용하는 한 쌍의 치의 하중은 단위길이당 하중분포 $p(\xi)$를 접촉선을 따라 적분하여 다음으로 얻어진다.

$$F_j = \int_{-L}^{L} p(\xi)d\xi \qquad (5.25)$$

이 하중을 축직각 방향으로 변환하여 동시에 맞물리고 있는 n개의 축직각 방향의 접촉 수직하중이 전체 수직하중과 같다는 조건하에 다음과 같은 관계를 얻는다.

$$\frac{T_1}{R_{b1}} = \sum_{i}^{n} F_j \cos\beta_b \qquad (5.26)$$

식 (5.24), (5.25), (5.26)을 연립하여 치에 작용하는 하중분포와 전달오차를 구한다.

5.5.4 치 강성을 포함한 마찰을 고려한 하중과 마찰력

마찰을 고려하였을 때 하중과 마찰력을 계산하는 3가지 방법을 소개한다.

① 첫 번째 방법으로[(10)] 하중은 먼저 하중을 접촉선 길이로 나타낼 수 있다. 그림 5.3에서 3개의 치가 접촉한다고 가정하여 접촉선의 길이가 각각 L_1, L_2, L_3이고, 2번째 접촉선 길이 L_2는 피치점을 중심으로 분할하여 L_{21}, L_{22}로 할 때, 접촉선의 전체 길이는 다음으로 된다.

$$L = L_1 + (L_{21} + L_{22}) + L_3 \qquad (5.27)$$

헬리컬 기어에 작용하는 수직하중은 $F_n = \dfrac{T_1}{R_{b1}}$이므로, 각 접촉선에 작용하는 수직하중은 접촉선의 길이 비로 분배된다고 가정하여

$$F_{nij} = \frac{F_n}{L} L_{ij} \qquad (5.28)$$

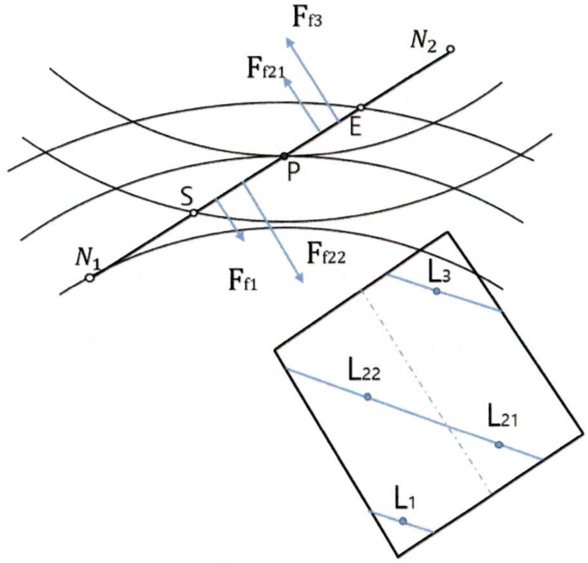

| 그림 5.8 | 접촉선에 따른 마찰력

각 접촉선의 마찰력은 수직하중에 마찰 계수를 곱하고, 그림 5.8에 표시된 바와 같이 접근부와 퇴거부에서 마찰력의 방향이 바뀌므로 이를 고려하여 다음으로 된다.

$$F_{f1} =- \mu \frac{F_n}{L} L_1 \tag{5.29a}$$

$$F_{f22} =- \mu \frac{F_n}{L} L_{22}, \quad F_{f21} = \mu \frac{F_n}{L} L_{21} \tag{5.29b}$$

$$F_{f3} = \mu \frac{F_n}{L} L_3 \tag{5.29c}$$

이러한 접근법은 4장 스퍼 기어에서 설명한 바와 같이 수직하중과 마찰력을 포함하여 모멘트 평형을 이루어야 하므로 다음과 같은 두 번째 방법을 제안한다.

② 각 치의 전달토크는 입력토크를 각치의 접촉선 길이에 분담한다고 가정하여 다음과 같이 구한다.

$$T_{1ij} = \frac{T_1}{L} L_{ij} \tag{5.30}$$

각 치의 하중은 각 위치의 곡률반경을 고려하여 접근부와 퇴거부 위치에 따라 다음과 같이 수직하중과 마찰력을 구한다.

$$F_{nij} = \frac{T_{1ij}}{R_{b1} \pm \mu\rho_{ij}} \tag{5.31}$$

$$F_{fij} = \pi F_{nij} = \frac{\mu T_{1ij}}{R_{b1} \pm \mu\rho_{ij}} \tag{5.32}$$

③ 세 번째 방법은 치 강성을 고려하여 하중을 구하고 마찰력을 계산하는 방법이다.

접촉선 2L을 따라 단위길이당 하중분포 $p(\xi)$는 마찰을 고려하지 않을 때의 식 (5.24)와 같다. 이외에 각 맞물린 치쌍 i의 입력 토크 분배 T_{1i}는 다음 식으로 주어진다.

$$T_{1i} = \int_{-L}^{L} p(\xi)(R_{b1} + \mu x)d\xi \tag{5.33}$$

여기서 x는 그림 5.6의 축직각 곡률반경 ρ_1이며 기어 접근부에서는 $x = -\rho_1$이고, 퇴거부에서는 $x = \rho_1$이다.

각 맞물린 치의 토크의 합은 전체 입력 토크와 같으므로 다음 관계를 갖는다.

$$T_1 = \sum_{i}^{n} T_{1i}\cos\beta_b \tag{5.34}$$

식 (5.24), (5.33), (5.34)를 연립하여 T_{1i}를 구하고 맞물린 치 i의 j위치의 하중과 마찰력이 다음 식으로 구해진다.

$$F_{nij} = \frac{T_{1i}}{R_{b1} + \mu x_j} \tag{5.35}$$

$$F_{fij} = \frac{\mu T_{1i}}{R_{b1} + \mu x_j} \tag{5.36}$$

문제 1

$\tan\beta_b = \dfrac{\tan\beta}{\sqrt{1 + \left(\dfrac{\tan\alpha_n}{\cos\beta}\right)^2}}$ 관계를 사용하여 $\sin\beta_b = \cos\alpha_n \sin\beta$임을 증명하시오.

문제 2

광산에서 사용하는 이동식 공기 압축기는 엔진, 감속기, 압축기로 이루어져 있다. 이 이동식 압축기의 엔진은 2kW, 4000 rpm으로 회전하며 엔진속도를 1500 rpm으로 감속기로 감속하여 압축기에 동력을 전달한다. 여기에 사용되는 감속기를 1단 헬리컬 기어로 설계하고자 한다. 이 감속기의 치직각 모듈 2 mm, 치직각 압력각 20°, 비틀림각 30°, 중심 거리는 150 mm가 되는 헬리컬 기어를 설계하시오. 단, 이끝틈새 $c = 0.25m_n$이다.

참고문헌

[1] V. Vullo, 2020, Gears Vol. 1: Geometric and Kinematic Design, Springer, Ch. 8.

[2] Kawasaki, K., Tsuji, I., Gunbara, H., 2014, Manufacturing method of double helical gears using multi-axis control and multi-tasking machine tool, Proc. of International Gear Conference 2014, Vol. 1, pp.86-95.

[3] 홍장표, 2022, 기계요소설계 포인트 3판, 교보문고, 14장.

[4] 정선모, 한동철, 장인배, 2012, 표준기계설계학, 동명사, 14장.

[5] F.L. Litvin, A. Fuentes, 2004, Gear Geometry and Applied Theory, 2nd ed., Cambridge, New York, Ch. 14.

[6] 박재춘외 4인 공저, 1995, 신기계설계학, 청문각.

[7] 선파정장, 대산정일 편, 최대원역, 1975, 기어편람해설, 기전연구사.

[8] R.C. Budynas, J. K. Nisbett, 2013, Shigley's Mechanical Engineering Design, 9th ed., McGraw-Hill, NY, Ch.13.

[9] 박찬일, 1992, 기어계의 하중전달 및 진동 특성에 관한 연구, 박사학위 논문, 서울대학교.

[10] Kar, C., Mohanty, A. R., 2007, An algorithm for determination of time-varying frictional force and torque in a helical gear system, Mech. Mach. Theory, 42, pp.482-496.

CHAPTER 06

기어응력

6.1 기어의 굽힘응력

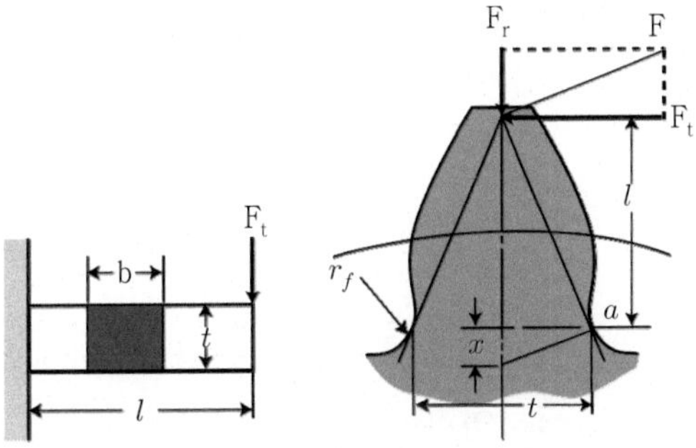

(a) (b)

| 그림 6.1 | 기어의 굽힘응력

기어의 응력은 크게 굽힘응력과 접촉응력으로 나눌 수 있다. 기어 굽힘응력은 1892년 루이스(W. Lewis)에 처음 발표되었고, 지금까지 기어 굽힘응력 식의 근간이 되고 있다. 이 굽힘 응력식은 ① 전체 하중은 하나의 이끝에 작용한다고 가정하고 ② 기어 이는 내접하는 포물선 외팔보로 모델링하여 보의 굽힘응력식을 적용하면 최대 굽힘응력은 $\sigma_b = \dfrac{M_b c}{I}$이다.

$M_b = F_t l,\ c = t/2,\ I = \dfrac{bt^3}{12}$이므로 굽힘응력은 $\sigma_b = \dfrac{6F_t l}{bt^2}$이 된다.

그림 6.1에서 $\tan\alpha = \frac{x}{t/2} = \frac{t/2}{l}$, $l = \frac{t^2}{4x}$ 이므로 $\sigma_b = \frac{3F_t}{2bx}$

$y = 2x/3p$로 두면 굽힘응력은 $\sigma_b = \frac{F_t}{bpy}$가 된다. $p = \pi m$, $Y = \pi y$로 바꾸면 굽힘응력은 다음과 같이 된다.

$$\sigma_b = \frac{F_t}{bmY} \tag{6.1}$$

여기서 $Y = \frac{2x}{3m}$

기어는 굽힘응력은 반경방향 하중에 의해 압축응력이 발생한다. 또한 반경방향 하중도 압축응력에 기여하게 되는데, 치두께와 치폭 b에 균일하게 반경방향 하중이 작용하면 압축응력은 다음과 같이 된다.

$$\sigma_c = \frac{F_r}{bt}$$

따라서 포물선이 접하는 치 양쪽은 전단응력과 응력집중을 무시하면, 인장응력과 압축응력이 다음과 같이 발생한다.

$$\sigma_A = \frac{6F_t l}{bt^2} - \frac{F_r}{bt},\ \sigma_B = -\frac{6F_t l}{bt^2} - \frac{F_r}{bt}$$

압축응력은 인장굽힘응력을 감소시키고, 압축응력을 증가시킨다. 그러나 기어의 파괴는 인장측에 발생하기 때문에 보수적으로 이러한 압축응력은 무시한다.

6.2 동하중 효과

위의 제시된 식은 정적 응력이며 한 쌍의 기어가 중고속으로 구동되면 동하중이 발생한다. 이러한 동하중 효과는 속도 계수(K_v)로 나타내어 정적 굽힘응력식에 적용한다. 과거에는 이 속도 계수가 1.0보다 작았으나 이제는 정의의 역수로 표시되기 때문에 AGMA의 표준값이 1보다 크다(ANSI/AGMA 2001-D04, 2101-D04 참조). 따라서, 속도 계수를 적용할 때 기존 기계요소설계 교과서와 같이 피치속도로 분류하지 않으며, 그 크기도 주의하여야 한다. 이 속도 계수는 19세기 C. Barth에 의해 처음으로 제안되었으며, SI 단위계에서 속도 계수는 다음으로 표시되며, 피치 선속도 V의 단위는 m/s이다.

$$K_v = \frac{3.05 + V}{3.05} \text{ (주철, 주조된 형상)} \tag{6.2a}$$

$$K_v = \frac{6.1 + V}{6.1} \text{ (절삭, 밀링된 형상)} \tag{6.2b}$$

$$K_v = \frac{3.56 + \sqrt{V}}{3.56} \text{ (호빙, 셰이핑된 형상)} \tag{6.2c}$$

$$K_v = \sqrt{\frac{5.56 + \sqrt{V}}{5.56}} \text{ (셰이빙, 연삭된 형상)} \tag{6.2d}$$

식 (6.1)에 속도 계수 개념을 고려하면 미터 단위의 표시법은 다음과 같다.

$$\sigma_b = \frac{K_v F_t}{bmY} \tag{6.3}$$

여기서 이너비(b)와 모듈(m)의 단위는 mm, 접선방향하중(F_t)을 Newton으로 표시하면, 응력 단위가 MPa이 된다.

그러나 AGMA는 위의 식에 의한 속도 계수보다는 품질지수등에 의해 속도(동적) 계수를 계산하며 뒤의 AGMA 응력에서 이를 기술한다.

6.3 접촉응력

기어의 이가 굽힙응력이 크게 되면 기어 이는 굽힘 파괴 된다. 그러나 기어 이가 굽힘응력이 크지 않더라도 높은 접촉응력이 반복해서 가해지면 기어 이 표면이 손상되고 궁극적으로 피로 파손이 된다. 이 피로 파손은 피팅(pitting)과 연결되고, 그 밖에 접촉하는 이 사이에 치면 압력이 증가하여 윤활막이 파괴되어 오는 스코링(scoring) 파손과 이물질에 의한 마모입자들에 의해 발생하는 스커핑(scuffing)이 있으며 스커핑에 스코링을 포함하여 언급되기도 한다. 이 절에서는 면압강도와 연결되는 기어 치면의 접촉응력에 관하여 기술한다.

Hertz는 구면 접촉, 원통 접촉 등 탄성체의 접촉으로 인한 응력과 변형 식을 제안하였으며, Buckingham은 스퍼 기어에 Hertz 이론을 적용하여 표면 접촉응력은 개발하였고, 기어 이표면 내구 해석에 기초가 된다. Hertz 이론을 적용하기 위해 한 쌍의 기어는 간섭점으로부터 피치점까지의 반지름으로 하는 두 개의 원통으로 가정한다. 두 원통이 압축 하중 F를 받고, 두 원통의 지름이 d_1, d_2, 길이 l, 탄성 계수가 E_1, E_2, 푸아송비가 v_1, v_2이면 접촉영역은 직사각형이고, 압력분포는 반타원형이 될 때, 두 원통 사이의 접촉 응력은 다음 식으로 된다.

$$p_{\max} = \frac{2F}{\pi a_H l} \tag{6.4}$$

여기서 $p_{\max}$는 최대표면응력이고, 접촉폭의 반은 다음 식으로 구한다.

$$a_H = \left\{ \frac{2F}{\pi l} \frac{\left[\left(1 - v_1^2\right)/E_1\right] + \left[\left(1 - v_2^2\right)/\ E_2\right]}{1/d_1 + 1/d_2} \right\}^{1/2} \tag{6.5}$$

기어에 적용하기 위하여, F를 $F_t/\cos\alpha$로 대체하며 d를 $2r$로, l을 이너비 b로 바꾼다. 식 (6.5)의 a_H를 식 (6.4)에 대입한 후, $p_{\max}$를 σ_c로 대체하여 접촉응력 식을 얻는다.

$$\sigma_c^2 = \frac{F_t}{\pi b cos\ \alpha} \frac{(1/r_1) + (1/r_2)}{\left[\left(1 - v_1^2\right)/E_1\right] + \left[\left(1 - v_2^2\right)/\ E_2\right]} \tag{6.6}$$

여기서 r_1, r_2는 각각 구동 기어와 피동 기어 접촉점에서의 순간 곡률 반지름이다. 맞물리는 각 기어의 F_t 값을 알면, 식 (6.5)로 이접촉이 시작부터 끝날 때까지의 모든 위치에서 Hertz 접촉응력을 구할 수 있다.

기어는 피치점에서만 순수한 구름운동을 하고, 다른 위치에서는 구름과 미끄럼운동을 동시에 발생하나, 식 (6.6)의 응력값은 미끄럼 운동을 고려하지 않았다. 피치점 근방에서 기어의 하중 전체가 가해지고 피팅의 발생이 빈번하다. 따라서 피치점에서 접촉응력을 구하기 위해, 피치점에서 곡률반지름 r_1, r_2은 다음으로 된다.

$$r_1 = \frac{D_1 \sin\alpha}{2} \qquad\qquad r_2 = \frac{D_2 \sin\alpha}{2} \tag{6.7}$$

여기서 α는 압력각이며, D_1, D_2는 각각 구동 기어와 피동 기어의 피치 지름이다.

AGMA는 식 (6.6)의 분모에 있는 4개의 탄성상수를 이용하여 재질 물성치와 관계된 탄성 정수(C_p)를 정의한다.

$$C_P = \left\{ \frac{1}{\pi\left(\dfrac{1 - v_1^2}{E_1} + \dfrac{1 - v_2^2}{E_2}\right)} \right\}^{1/2} \tag{6.8}$$

속도 계수(K_v)개념을 도입하면, 식 (6.6)은 압축응력을 표시하기 위해 음의 부호를 추가하면 다음 식으로 된다.

$$\sigma_c = -C_P\left\{\frac{K_vF_t}{bcos\ \alpha}\left(\frac{1}{r_1}+\frac{1}{r_2}\right)\right\}^{1/2} \tag{6.9}$$

예제 1

강으로 된 스퍼 구동 기어가 모듈 3 mm, 잇수 22개 보통이, 압력각 20°, 이너비 50 mm를 가진다. 이 구동 기어가 1,200 rpm, 11 kW를 잇수 60개의 피동 기어에 전달할 때, 굽힙응력을 구하시오 [MPa]. 단, 형상계수 $Y = 0.331$

풀이

$D_1 = mZ_1 = 3\times 22 = 66$ mm

원주속도 $v = \dfrac{\pi D_1N_1}{1000\times 60} = \dfrac{\pi mZ_1N_1}{1000\times 60} = \dfrac{\pi 3\times 22\times 1200}{1000\times 60} = 4.147$ m/s

동적 계수는 대부분의 국내 교과서는 10 m/s 이하일 때, $K_v = \dfrac{3.05+V}{3.05}$를 사용한다. 이 예제에서는 절삭 밀링된 기어로 간주하여 $K_v = \dfrac{6.1+V}{6.1} = (6.1+4.147)/6.1 = 1.68$로 한다.

$$F_t = \frac{H\times 1000}{v} = 2653\ \text{N}$$

잇수 22, 압력각 20°인 형상 계수 Y는 0.331

$$\text{굽힙응력}\ \sigma_b = \frac{K_vF_t}{bmY} = \frac{1.68\times 2653}{50\times 3\times 0.331}\times 10^6 = 89.77\ \text{MPa}$$

예제 2

감속기는 잇수 22개의 강으로 된 구동 기어, 60개의 주철로 된 피동 기어로 이루어져 있고 압력각 20°, 모듈 4 mm, 이너비 50 mm이다. 동력은 구동 기어의 1,200 rpm로 11 kW를 전달할 때 접촉 응력을 구하시오 [MPa]. 단 탄성 계수는 206 GPa, 푸아송비는 0.3이다.

풀이

$$Z_E = C_p = \sqrt{\frac{1}{\pi\left(\frac{1-v_1^2}{E_1}+\frac{1-v_2^2}{E_2}\right)}} = \sqrt{\frac{1}{2\pi\left(\frac{1-0.3^2}{206\times 10^3}\right)}} = 189.81 \ \ \sqrt{MPa}$$

$$D_1 = mZ_1 = 88 \text{ mm}, d_2 = mZ_2 = 240 \text{ mm}$$

원주속도 $v = \frac{\pi D_1 N_1}{1000\times 60} = \frac{\pi m Z_1 N_1}{1000\times 60} = \frac{\pi 4\times 22\times 1200}{1000\times 60} = 5.53 \text{ m/s}$

$$F_t = \frac{H\times 1000}{v} = 1989.15 \text{ N}$$

절삭 밀링된 기어로 간주하여 $K_v = \frac{6.1+V}{6.1} = (6.1+5.53)/6.1 = 1.91$

$$\sigma_c = C_p\left[\frac{K_v F_t}{b\cos\alpha}\left(\frac{1}{r_1}+\frac{1}{r_2}\right)\right]^{\frac{1}{2}}$$

$$= 189.81\times\left[\frac{1.91\times 1989.15}{50\times 10^{-3}\times \cos(20)}\left(\frac{1}{15.05\times 10^{-3}}+\frac{1}{41.04\times 10^{-3}}\right)\right]^{\frac{1}{2}} = 514.35 \ \ MPa$$

6.4 AGMA 응력 식

이 장에서는 앞에서 설명한 굽힘응력 식과 접촉응력 식이 AGMA에서 사용하는 식으로 변환한다. AGMA에서는 미국 전통 단위 lb-in와 SI 단위를 병기하는데 이 책에서는 SI 단위만을 소개한다. AGMA에서는 굽힘응력에 관한 식과 접촉응력에 대한 피팅강도에 관한 것이다. 굽힘응력의 기본식 (6.3)에서 많은 계수를 적용하여 굽힘응력은 다음 식과 같다.

$$\sigma_b = F_t K_o K_v K_s \frac{1}{bm_t}\frac{K_H K_B}{Y_J} \quad \text{(SI 단위)} \tag{6.10}$$

여기서

F_t는 접선방향의 전달하중 (N)

K_o는 과하중 계수

K_v는 속도 계수

K_s는 치수 효과 계수

b는 좁은 쪽의 이너비 (mm)

K_H는 하중 분포 계수

K_B는 림두께 계수

Y_J는 굽힘강도에서의 형상 계수(이뿌리 필렛의 응력 집중 계수 K_f 포함)

m_t는 횡방향 미터계 모듈

식 (6.10)은 기본 굽힘 강도식에서 ① 전달 하중의 크기 ② 과하중 ③ 동하중 전달로 인한 하중증가 ④ 치수효과 ⑤ 기하형상 : 피치와 이너비 ⑥ 이면을 따라 하중의 분포정도 ⑦ 이의 림 지지상태 ⑧ 형상계수와 이뿌리 필렛 응력집중의 특성을 반영하여 수정된 것이다.

피팅강도에 관한 접촉응력은 굽힘응력과 같이 많은 계수를 적용하여 다음 식으로 된다.

$$\sigma_c = Z_E \sqrt{F_t K_o K_v K_s \frac{K_H}{D_1 b} \frac{Z_R}{Z_I}} \text{ (SI 단위)} \tag{6.11}$$

여기서, 동일한 계수는 식 (6.10)에서의 정의와 같다.

Z_E는 탄성정수이며 식 (6.8)로 구한다. ($\sqrt{N/mm^2}$)

Z_R는 표면 조건 계수

D_1는 구동기어의 피치지름 (mm)

Z_I는 면압강도에 대한 형상 계수이다.

이 계수값에 대해서는 다음 절에 설명한다.

6.5 AGMA 강도공식 (1–4)

AGMA는 강도라는 용어 대신 허용응력수(allowable stress number)라는 용어를 사용한다. 그러나 이 책에서는 강도를 대문자(S)로 표시하며, 응력은 소문자(σ)로 표시한다. 또한 혼동을 피하기 위하여 AGMA 허용응력수를 AGMA 강도로 표시한다. AGMA 강도는 재료의 강도인 극한강도와 항복강도와는 의미가 다르며 기어문제에만 해당된다. AGMA 강도는 굽힘과 접촉응력의 한계를 결정하는 다양한 계수로 보정한다.

SI 단위에서 보정된 허용굽힘응력 식은 다음과 같다.

$$\sigma_{b,a} = \frac{S_t}{S_F} \frac{Y_N}{Y_\theta Y_Z} \tag{6.12}$$

여기서 S_t는 보정 전의 굽힘강도(AGMA 굽힘강도), (N/mm^2), S_t (AGMA 굽힘강도)는 경화강의 종류에 따라 결정된다.[(1)]

Y_N은 굽힘응력의 응력반복수명 계수

Y_θ는 온도 계수

Y_Z은 신뢰도 계수

S_F는 AGMA 안전 계수, 응력비

보정된 허용접촉응력$(\sigma_{c,a})$식은 다음으로 주어진다.

$$\sigma_{c,a} = \frac{S_c}{S_H} \frac{Z_N Z_W}{Y_\theta Y_Z} \tag{6.13}$$

여기서

S_c는 보정 전의 접촉강도(N/mm^2), S_c는 신뢰도, 열처리 등에 따라 결정된다.[(1)]

Z_N는 접촉응력에 대한 응력반복수명 계수

Z_W는 면압강도에 대한 경도비 계수

Y_θ는 온도 계수

Y_Z은 신뢰도 계수

S_H는 AGMA 안전 계수, 응력비

굽힘피로강도와 치면피로강도에 대한 AGMA의 허용응력은 ① 한 방향 하중 ② 10^7 응력사이클 ③ 99% 신뢰성을 기준으로 한다. 양방향 하중이 기어에 작용될 때, AGMA는 S_t의 70%를 추천한다.

6.5.1 형상 계수 I와 J (Z_I와 Y_J)

Lewis 공식에서 치형 계수 Y는 동일한 목적의 AGMA(기하)형상 계수 lb-in 단위계에서 I와 J로 SI 단위계에서 Z_I, Y_J로 표현된다. Z_I, Y_J는 치폭 물림률(M_F)에 따라 변화되는데, 치폭 물림률은

$$m_F = \frac{b}{p_x} \tag{6.14}$$

p_x는 축방향피치, b는 치폭이다. 스퍼 기어의 치폭 물림률은 0이고, 비틀림각과 치폭이 작은 헬리컬 기어의 치폭 물림률은 1보다 작다. 여기에서는 스퍼 기어와 치폭 물림률이 1보다 큰 일반적인 헬리컬 기어에 대하여만 다룬다.

굽힘강도 형상 계수 $J(Y_J)$

AGMA 계수 $J(Y_J)$는 보정된 Lewis 치형 계수(Y), 피로응력집중 계수(K_f), 이 하중분담비(m_N)의 함수로 정의된다.

$$J = \frac{Y}{K_f m_N} \tag{6.15}$$

이 식의 Y값은 Lewis 치형 계수는 아니고, AGMA 908-B89로 계산되며, 단일 이접촉의 최고높이(the highest point of single tooth contact)를 기준으로 한다.

응력집중 계수 K_f는 AGMA에서는 과거 기어의 응력집중에 대한 광탄성실험 측정값에 근거한다. 하중분담비(m_N)는 치폭을 접촉선의 최소 전체길이로 나눈 값이다. 이 계수값은 축직각 물림률(m_P), 치폭 물림률(m_F), 치형 수정의 영향, 이의 변형에 의하여 달라진다. 스퍼 기어는 $m_N = 1.0$이다. 치폭 물림률이 2이상인 헬리컬 기어에서 m_N은 다음 식으로 계산하면 안전한 근사식이 된다

$$m_N = \frac{p_N}{0.95Z} \tag{6.16}$$

여기서 p_N은 치직각 법선피치(normal base pitch), Z는 축직각 평면에서 작용선의 길이이다.

◖ 면압강도 형상 계수 $I(Z_I)$ ◗

AGMA에서 계수 $I(Z_I)$는 피팅저항(pitting-resistance) 형상 계수라고 한다. 이 식을 얻기 위해 식 (6.7)의 각 곡률반지름 역수의 합은 헬리컬 기어에도 적용하기 위해 압력각 α는 축직각 압력각 α_s으로 변경하면 다음과 같게 된다.

$$\frac{1}{r_1}+\frac{1}{r_2}=\frac{2}{\sin\alpha_s}\left(\frac{1}{D_1}+\frac{1}{D_2}\right) \tag{6.17a}$$

기어속도비(m_G, 잇수비)는 다음으로 정의한다.

$$m_G=\frac{Z_2}{Z_1}=\frac{D_2}{D_1} \tag{6.17b}$$

속도비(m_G)를 대입하면 식 (6.17a)는 식 (6.17c)가 된다

$$\frac{1}{r_1}+\frac{1}{r_2}=\frac{2}{D_1\ \sin\alpha_s}\ \frac{m_G+1}{m_G} \tag{6.17c}$$

식 (6.17c)를 식 (6.9)에 대입하면 절대값만 취하면, 식 (6.17d)가 된다.

$$\sigma_c=C_P\left[\frac{K_v F_t}{D_1 b}\frac{1}{\dfrac{\cos\alpha_s\sin\alpha_s}{2}\ \dfrac{m_G}{m_G+1}}\right]^{1/2} \tag{6.17d}$$

외접 스퍼 기어와 헬리컬 기어에서 형상 계수 I는 식 (6.17d)의 두 번째 항 분모 부분이다. 하중분담비(m_N)를 추가하면 스퍼 기어와 헬리컬 기어 모두에 유효한 I값을 구할 수 있다. 외접 기어와 내접 기어의 I는 다음과 같다.

$$I=\begin{cases}\dfrac{\cos\alpha_s\sin\alpha_s}{2m_N}\ \dfrac{m_G}{m_G+1} & \text{외접 기어}\\[2ex] \dfrac{\cos\alpha_s\sin\alpha_s}{2m_N}\ \dfrac{m_G}{m_G-1} & \text{내접 기어}\end{cases} \tag{6.18}$$

6.5.2 동적(속도) 계수 K_v

동적 계수는 앞서 속도 계수와 같은 개념으로 회전하는 기어의 동적거동의 보정과 제조의 부정확함을 고려하기 위함이다. AGMA는 동적 계수(dynamic factor)를 수정하였다. 1995년

이전에는 1보다 작은 K_v를 사용하였으나 1995년 이후에는 1보다 큰 값을 사용한다. 그러나 (6.10) 굽힘응력식은 같다.

이런 동적 거동을 보완하기 위하여 AGMA에서 품질등급번호를 정의한다. 상용화된 대부분 기어등급은 3부터 7이며, 정밀등급은 8부터 12가 된다. 속도계수 식은 AGMA 등급지수 Q_v 숫자를 근거로 하고 속도 V는 m/s이며, $5 \le Q_v \le 11$의 경우 다음 식으로 근사 계산된다.

$$K_v = \left(\frac{A + \sqrt{200\,V}}{A}\right)^B \tag{6.19}$$

여기서 상수 A, B의 값은 다음 식으로 계산한다

$$A = 50 + 56(1 - B), \quad B = 0.25(12 - Q_v)^{2/3} \tag{6.20}$$

Q_v 곡선의 끝점을 나타내는 최대 속도(m/s)는 다음 식으로 구한다.

$$V_{t,\max} = \frac{[A + (Q_v - 3)]^2}{200} \tag{6.21}$$

6.5.3 과부하 계수 K_0

과부하 계수는 정상적인 접선방향하중(F_t)을 초과하는 외부 하중을 보완하기 위함이다. 한 예로써 내연기관에서 엔진 토크 평균값의 변동이거나, 피스톤펌프 구동장치에서 토크 편차에 대한 보완이다. 이 계수는 적용 계수, 사용 계수라는 비슷한 계수가 있고, 많은 현장 경험에 따라 만들어졌다.

6.5.4 표면조건 계수 Z_R

표면조건 계수는 면압강도(피팅 저항)식 (6.11)에서만 사용된다. 이 계수는 표면 마무리에 영향을 받지만, 절삭(cutting), 셰이빙(shaving), 래핑(lapping), 연삭(grinding), 숏피닝(shotpeening)에 제한되지 않는다. 또한 잔류응력, 소성 영향(가공경화)에 영향을 받는다. AGMA는 기어 치면에 대하여 표준표면조건을 아직 정하지 않았으며, 표면에 유해한 표면다듬질 효과가 존재할 때 1보다 큰 값을 사용할 것을 제안한다.

6.5.5 치수 계수 K_s

치수 계수는 크기에 따라 재료 특성의 불균일을 보정한다. 이 계수는 ① 이 크기 ② 부품의 지름 ③ 이 크기와 부품 지름의 비 ④ 치폭 ⑤ 응력 패턴의 면적 ⑥ 표면경화 두께와 이 크기의 비 ⑦ 경화능과 열처리 조건 들에 의하여 영향을 받는다. 표준치수 계수는 유해한 크기 영향이 있는 경우에 대해 아직 정해지지 않았다. 유해한 크기 영향의 경우 AGMA에서는 1보다 큰 값의 사용을 제안한다. 별다른 유해한 영향이 없으면 AGMA에서는 $K_s = 1$을 추천한다.

6.5.6 하중분포 계수 K_H[1,2]

하중분포 계수는 접촉선을 따라 하중의 불균일한 분포를 반영하기 위하여 응력식을 보정한다. Lb-in 단위에서는 K_m이다. 이상적인 조건은 하중이 작용될 때 두 베어링 간의 중간위치에서 경사각이 없는 위치에 기어를 두는 것이다. 이것은 항상 가능하지 않으므로 다음 절차가 적용된다.

- 유효 치폭과 피니온 피치 지름의 비가 $b/D \le 2$
- 베어링 사이에 기어가 설치됨
- 치폭이 1,020 mm 이하
- 하중을 받을 때, 가장 좁은 쪽을 따라 접촉

이 조건하에서 하중 분포 계수 K_H가 다음 식으로 표시된다.

$$K_H = 1 + K_{mc}(K_{pf}K_{pm} + K_{ma}K_e) \tag{6.22}$$

여기서

$$K_{mc}\begin{cases} 1 & \text{수정 안 된 리드 이의 경우} \\ 0.8 & \text{크라우닝 또는 리드 수정 된 이의 경우} \end{cases} \tag{6.23}$$

$$K_{pf} = \begin{cases} \dfrac{b}{10D} - 0.025 & b \le 25\ mm \\ \dfrac{b}{10D} - 0.0375 + 4.92(10^{-4})b & 25 \langle b \ \le 432\ mm \\ \dfrac{b}{10D} - 0.1109 + 8.15(10^{-4})b - 3.53(10^{-7})b^2 & 432 < b \ \le 1020\ mm \end{cases} \tag{6.24}$$

식 (6.24)에서 $b/(10D) < 0.05$인 경우에는 $b/(10D) = 0.05$로 한다.

$$K_{pm}\begin{cases} 1 & S_1/S < 0.175 \text{ 일 때} \\ 1.1 & S_1/S \geq 0.175 \text{ 일 때} \end{cases} \tag{6.25}$$

$$K_{ma} = A + Bb + Cb^2 \quad (A, B, C\text{는 표 6.1 참조}) \tag{6.26}$$

[표 6.1] 경험상수: A, B, C [(2)]

조건	A	B	C
Open gearing	2.47×10^{-1}	0.657×10^{-3}	-1.186×10^{-7}
Commercial enclosed gear units	1.27×10^{-1}	0.622×10^{-3}	-1.69×10^{-7}
Precision enclosed gear units	0.657×10^{-1}	0.504×10^{-3}	-1.44×10^{-7}
Extra precision enclosed gear units	0.380×10^{-1}	0.402×10^{-3}	-1.27×10^{-7}

$$K_e\begin{cases} 0.8 & \text{조립 시 조정되거나, 래핑으로 호환성이 향상되거나(또는 양쪽 다)된 기어 경우} \\ 1 & \text{기타 다른 조건의 경우} \end{cases} \tag{6.27}$$

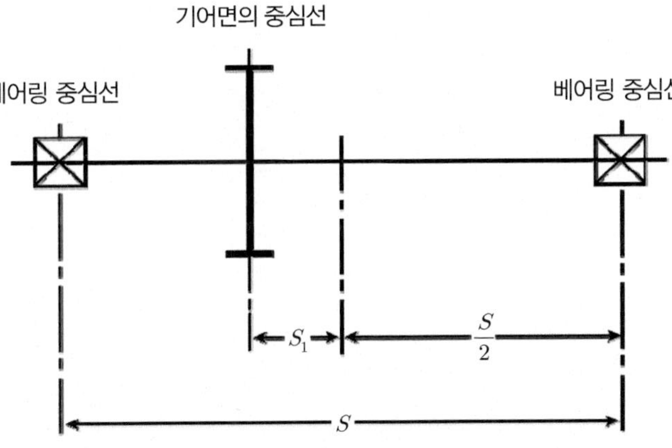

| 그림 6.2 | S와 S_1문자 정의 [(1,2)]

6.5.7 경도비 계수 $C_H(Z_w)$

일반적으로 피니언은 기어보다 잇수가 작기 때문에 더 많은 접촉응력 횟수를 받는다. 피니언과 기어 모두 관통경화(through-hardened) 된다면, 균일한 표면강도는 피니언을 기어보다 더 경하게 함으로써 얻을 수 있다. 이와 유사한 효과는 표면경화된 피니언이 관통경화된 기어와 짝을 이룰 때이다. C_H값은 기어에만 사용되며, 사용 목적은 표면강도 간 차이를 보정하기 위함이다. C_H값은 다음 식으로 결정한다.

$$C_H = 1.0 + A'(m_G - 1.0) \tag{6.28}$$

여기서 상수 A'를 구하는 식은 다음과 같다.

$$A' = 8.98(10^{-3})\left(\frac{H_{BP}}{H_{BG}}\right) - 8.29(10^{-3})1.2 \le \frac{H_{BP}}{H_{BG}} \le 1.7$$

H_{BP}, H_{BG}항은 각각 피니언과 기어의 브린넬 경도값(10 mm 지름의 구를 3,000 kgf 하중으로 압입한 경도)이다. m_G항은 속도비이며 식 (6.17b)로 구한다. 식 (6.28)은 그래프로 표현된다(ANSI/AGMA 2001-D04 참조).[(1)]

$$\frac{H_{BP}}{H_{BG}} < 1.2, \quad A' = 0$$

$$\frac{H_{BP}}{H_{BG}} > 1.7 \quad A' = 0.00698$$

표면경화된 피니언(로크웰 C경도 48 이상)이 관통경화된 기어(브리넬경도 180 ~ 400)와 짝을 이룰 때 가공경화가 발생한다. m_G계수는 피니언 표면다듬질정도(f_p)와 상대기어경도의 함수이다.

$$C_H = 1 + B'(450 - H_{BG}) \tag{6.29}$$

여기서 $B' = 0.00075$ exp [-0.0112f_p]이며, f_p는 피니언의 평균 제곱근 거칠기(root-mean-square roughness) R_a를 마이크로인치 단위로 나타낸 것이다.

6.5.8 응력 사이클 계수 (Y_N과 Z_N)

응력 사이클 계수 Y_N, Z_N의 목적은 수명이 10^7이 아닌 경우 수명에 대한 AGMA 강도를 보정함이다. 이 계수값은 ANSI/AGMA 2001-D04 참조한다.(1) 사이클에서는 Y_N, Z_N 값이 1이고 경도에 따라 Y_N, Z_N 값이 하중 사이클의 함수로 표현된다. 10^7보다 약간 큰 부하 수명이 목표일 때, 상대 기어는 10^7보다 작은 부하를 받을 수 있으며, $(Y_N)_P$와 $(Y_N)_G$의 식은 달라질 수 있다. $(Z_N)_P$와 $(Z_N)_G$식도 같은 형태로 적용된다.

6.5.9 신뢰도 계수 $K_R(Y_Z)$

신뢰도 계수는 재료 피로 파괴의 통계적 분포의 영향을 고려하기 위한 것이다. Lb-in 단위에서 신뢰도 계수는 K_R이고, SI 단위에서는 Y_Z이다. AGMA 강도 S_t, S_c는 99% 신뢰도에 기초한다. 표 6.2는 굽힘피로파손과 치면피로파손에 대한 신뢰도 계수이다. K_R과 신뢰도 R 관계는 높은 비선형이기 때문에 두 변수값을 로그 변환하여야 선형관계가 되며, 다음의 회귀된 신뢰도 계수를 얻는다.

$$K_R = \begin{cases} 0.658 - 0.0759\ln(1-R) & 0.5 < R < 0.99 \\ 0.50 - 0.109\ln(1-R) & 0.99 \le R \le 0.9999 \end{cases} \tag{6.30}$$

[표 6.2] 신뢰도 계수

Reliability	$K_R(Y_Z)$
0.9999	1.50
0.999	1.25
0.99	1.00
0.90	0.85
0.50	0.70

6.5.10 온도 계수 Y_θ

윤활유나 기어 몸체가 온도 120°C 이하일 때는 $Y_\theta = 1$을 사용하고, 더 높은 온도에서 계수는 1보다 커야 한다. 작동 온도가 이 값을 넘지 않도록 열교환기가 사용될 수 있다.

6.5.11 림두께 계수 K_B

림두께가 기어 이뿌리를 지지하기에 충분하지 않으면, 굽힘 피로파괴의 위치는 이뿌리 보다는 기어 림을 통해 발생될 수 있다. 그런 경우에는 응력 수정 계수(K_B 또는 t_R)의 사용을 추천한다. 림두께 계수는 얇은 림 기어에 대한 굽힘응력값을 보정해주며 다음 m_B의 함수이다.

$$m_B = \frac{t_R}{h_t} \tag{6.31}$$

여기서 t_R는 림두께, h_t는 이높이.

$$KB = \begin{cases} 1.6\ln\dfrac{2.242}{m_B} & m_B < 1.2 \\ 1 & m_B \geq 1.2 \end{cases} \tag{6.32}$$

6.5.12 안전 계수(S_F와 S_H)

ANSI/AGMA 표준 2001-D04, 2101-D04는 굽힘피로파손의 안전 계수와 치면피로파손의 안전 계수에 대한 안전 계수 S_H를 포함한다. S_F는 보정된 굽힘강도를 굽힙응력으로 나눈 것으로 다음과 같이 정의된다.

$$S_F = \frac{S_t Y_N/(K_T K_R)}{\sigma_b} \tag{6.33}$$

여기서 σ_b는 식 (6.10)을 사용하고, 응력은 전달하중과 선형관계이다.

S_H는 보정된 접촉 강도를 접촉응력으로 나눈 것으로 다음과 같이 정의된다.

$$S_H = \frac{S_c Z_N\, C_H/(K_T K_R)}{\sigma_c} \tag{6.34}$$

여기서 σ_c는 식 (6.11)을 사용하고, S_H도 S_F처럼 강도/응력의 형태이지만, 접촉응력은 전달하중과 선형관계가 아니다.

예제 3

압력각 20°인 보통이 스퍼 기어가 구동 기어 잇수 16개, 피동 기어 잇수 48개이고 4 kW의 동력을 전달한다. 구동 기어의 회전속도는 300 rpm, 치폭 50 mm, 모듈 4mm이다. 기어는

1등급강이고, 브리넬 경도 200인 관통경화, 표준 품질등급번호 $Q_v = 6$, 리드수정이 없고, 정확히 강체로 지지되어 있다. 구동 기어의 수명 10^8, 신뢰도 0.9일 때, AGMA 굽힘응력과 접촉응력 [MPa]을 구하시오. 단,

① 과부하 계수 $K_o = 1$, 치수 계수 $K_s = 1$, 림두께 계수 $K_B = 1$로 가정한다.

② 치형 계수는 표에 원하는 잇수가 없으면 보간한다.

③ 형상 계수 J는 구동 기어 0.27, 피동 기어 0.38이다.

④ $K_{pm} = 1$, $K_e = 1$
K_{ma}를 구할 때 A, B, C는 표 6.1에서 commercial enclosed units를 사용한다.

⑤ 온도 계수와 표면다듬질 계수는 1이다.

⑥ 접촉응력 구할 때 탄성 정수 계수 $Z_E = 191\sqrt{MPa}$이다.

풀이

동적(속도) 계수

$$B = 0.25(12 - Q_v)^{2/3} = 0.8255$$

$$A = 50 + 56(1 - B) = 59.77$$

$$v = \frac{\pi D_1 N_1}{1000 \times 60} = \frac{\pi m Z_1 N_1}{1000 \times 60} = \frac{\pi 4 \times 16 \times 300}{1000 \times 60} = 1 \text{ m/s}$$

$$K_v = \left(\frac{A + \sqrt{200v}}{A}\right)^B = 1.1916$$

$$F_t = \frac{H \times 1000}{v} = 4000 \text{ N}$$

하중 분포 계수

$$K_H = 1 + K_{mc}(K_{pf}K_{pm} + K_{ma}K_e)$$

$$K_{Pf} = \frac{b}{10 \times D} - 0.0375 + 4.92(10^{-4}) \times b = 0.0652$$

$$K_{Pm} = 1,\ K_e = 1$$

$$K_{ma} = A + Bb + Cb^2 = 1.27 \times 10^{-1} + 0.622 \times 10^{-3}(50) + (-1.69 \times 10^{-7})(50)^2 = 0.1577$$

식 (6.32)에서 리드 수정이 안 된 기어는 $K_{mc}=1$

$$K_H = 1 + K_{mc}(K_{pf}K_{pm} + K_{ma}K_e) = 1 + (0.0652 + 0.1577) = 1.2229$$

$$Y_J = J(\text{형상 계수})$$

굽힘응력은

구동 기어: $\sigma_{b1} = F_t K_0 K_v K_s \dfrac{1}{bm_t}\dfrac{K_H K_B}{Y_J} = (4000)(1)(1.1916)(1)(\dfrac{1}{50\times10^{-3}\times4\times10^{-3}})$

$$(\frac{1.2229\times1}{0.27}) = 107.9\ \text{MPa}$$

피동 기어: $\sigma_{b1} = F_t K_0 K_v K_s \dfrac{1}{bm_t}\dfrac{K_H K_B}{Y_J} = (4000)(1)(1.1916)(1)(\dfrac{1}{50\times10^{-3}\times4\times10^{-3}})$

$$(\frac{1.2229\times1}{0.38}) = 76.7\ \text{MPa}$$

접촉응력의 계산을 위해

$$D_1 = mZ_1 = 64\ \text{mm},\ D_2 = mZ_2 = 192\ \text{mm}$$

$$m_G = \frac{Z_2}{Z_1} = 48/16 = 3$$

$$I = \cos\alpha\sin\alpha/2\,(\frac{m_G}{m_G+1}) = 0.1205$$

$Z_E = 191\sqrt{MPa}$, 표면다듬질 계수 $Z_R = 1$이므로

접촉응력은

$$\sigma_c = Z_E\sqrt{F_t K_0 K_v K_s \frac{K_H}{D_1 b}\frac{Z_R}{I}} = 191\sqrt{(4000)(1.1914)\frac{(1.1986)}{64\times10^{-3}\times50\times10^{-3}}\frac{1}{0.1205}}$$

$$= 742.60\ [\text{MPa}]$$

6.5.13 기어의 굽힘 성능 및 피팅 저항 향상 방법

기어의 굽힘 성능과 피팅 저항을 향상시키는 방법은 다음과 같다.[(5)]

1) 기어의 굽힘 성능을 향상하는 방법

① 물림률을 증가시키거나 기어의 하중 감소

② 축간 거리 증가

③ 더 큰 피치(coarser pitch)를 갖는 기어 사용

④ 더 높은 압력각 사용

⑤ 평기어 대신 헬리컬 기어 사용

⑥ 침탄된 재료 사용

⑦ 제조 공정 선정을 통한 기어 정확도 개선

⑧ 더 강한 재료 선정

⑨ 더 넓은 유효 치폭 사용

⑩ 기어 이에 숏 피닝 적용

2) 기어의 피팅 저항성을 향상하는 방법

① 물림률을 증가시키거나 기어의 하중 감소

② 축간거리 증가

③ 더 큰 피치(coarser pitch)를 갖는 기어 사용

④ 더 높은 압력각 사용

⑤ 평기어 대신 헬리컬 기어 사용

⑥ 침탄된 재료 사용

⑦ 제조 공정 선정을 통한 기어 정확도 개선

⑧ 더 강한 재료 선정

⑨ 재료 선정 혹은 표면 경화 처리를 통한 표면 경도 증가

⑩ 더 넓은 유효 치폭 사용

⑪ 윤활막 두께 증가

6.6 스코링(scoring) 강도 [6-8]

접촉하는 이와 이 사이에 윤활유막이 파괴되어 이의 면이 용접되는 것과 같은 표면 손상에

저항하는 강도를 스코링 강도라 한다. 기어가 하중이 높아지면 치면의 압력이 높아지고, 고속으로 회전하면 치의 상대 속도가 커지게 된다. 높은 압력과 상대속도의 증가는 치면의 열유속(heat flux)이 커지게 되어 치면의 온도를 상승시킨다. 치면의 상승은 접촉하는 치 사이의 유막 두께를 얇아지게 하고, 궁극적으로 유막을 파괴하여 치면이 눌러 붙는 현상이 발생하며 이를 스코링이라 한다.

따라서 맞물리는 위치에서 순간적인 온도와 관계가 깊다. 이 온도에 영향을 미치는 인자로는 치면 법선하중, 물림길이, 치차의 회전속도, 치형의 종류, 치형의 종류, 치면의 조도, 재질, 윤활유의 점도 및 조성성분 등이 있다. 스코링 방지 대책으로는 다음과 같다.

(1) 치형 : 피치 오차, 평행도 오차, 이의 탄성변형, 베어링의 열변형에 의한 치차의 위치 변경 등에 의하여 이 끝에 큰 접촉 압력이 발생하여 유막이 파괴되기 쉽다. 치직각 치형수정이나 크라우닝을 하는 것이 좋을 때가 있다.

(2) 기어재료 : 재료의 조합이 중요하며 서로 접합하기 쉬운 재료는 좋지 못하다. 스코링이 잘 일어나지 않는 조합의 순위는 ① 주철대 주철, ② 경화강대 경화강(경도차 있음), ③ 주철대 연강, ④ 경화강대 연강, ⑤ 연강대 연강이다.

(3) 윤활 : 점도가 높은 기름, 특히 극압첨가제가 들어간 것이 좋다. 점도는 온도에 따라 변화하므로 온도 관리를 잘하고, 깨끗하게 관리하여야 한다.

스코링을 방지하는 방법으로 압력 속도(PV) 계수를 제한하는 것과 치면의 최고 온도를 제한한다. PV 값은 스코링 저항을 평가하기 위한 첫 번째 기준값으로 통합되었다. 스코링 예측을 위한 기준값과 기어의 스코링 저항의 더 나은 상관관계를 얻기 위해 PV 값을 PVT 값으로 개선하였다. PVT는 P = Hertz의 압력 (응력), V = 미끄럼 속도, T = 작용선에 따른 거리이다. PVT는 제 2차 세계 대전 중에 자동차 및 항공기 산업의 설계자들에 의해 사용되었고, 이 분야 기어 설계에서 잘 작동했지만, 다른 기어로 확장할 때는 신뢰할 수 없었다.

치의 온도는 혼합평균 온도(bulk temperature)와 순간 온도(flash temperature)의 합으로 나누어지며, 순간 온도는 제 2차 세계대전 동안 Blok은 기어의 긁힘 저항 한계와 접촉 온도, 즉 표면의 안정된 혼합평균 온도와 순간 온도의 합 사이에 강한 상관관계가 있음을 발견했다. Blok의 순간 온도(flash Temperature)식을 기초로 한 스코링 강도 평가의 간단한 방법인 스코링 기준수(SI: Scoring Index)를 많이 사용하고 있다.

또한 치의 평균혼합온도와 순간 온도는 유한요소법으로 예측할 수 있으며[9] 이에 대한 온도 예측 정확도는 높다.

6.7 기어응력의 유한요소해석 [10]

기어의 마찰력을 고려하여 이뿌리의 응력을 유한요소해석으로 구하는 것을 기술한다. 유한요소해석은 접촉(contact)조건을 해석하는 비선형 해석 유한요소 코드로 해석하거나 접촉부의 하중을 계산하여 선형 해석 코드로 해석할 수 있다. 대부분의 선형 해석 코드는 좀 더 쉽게 접근할 수 있으므로 여기에서는 하중계산에 의한 선형 해석 프로그램으로 이뿌리 응력을 해석한다.

이를 위하여 먼저 치의 미끄럼 마찰을 고려하여, 하중변형 관계와 모멘트 평형식으로 맞물림이 진행됨에 따라 하중변화와 마찰력을 해석한다. 해석된 치의 수직력과 마찰력을 이용하여, 치의 유한요소 모델링해석을 하여 이뿌리 응력을 해석한다. 평면 응력 조건과 평면 변형률 조건에서 이뿌리응력을 해석하고 3차원 유한요소 모델로 응력해석을 비교하여 적합한 응력 조건을 검토한다. 또한 저접촉 물림률의 스퍼기어에 대해 마찰을 고려할 때와 고려하지 않을 때, 각각의 인장과 압축부의 이뿌리 응력을 해석하여 마찰의 영향을 검토한다.

6.7.1 하중해석

기어의 기하학적 관계와 물림률이 1과 2 사이인 저접촉 스퍼 기어를 대상으로 하중이 치폭 전체에 균일하게 분포한다고 가정하여 마찰력과 전달오차 관계식 (4.8), (4,9), (4.10)을 사용한다. 치의 컴플라이언스는 표 4.2의 스퍼 기어 데이터로 입력 토크는 20 N · m이며 치형 수정을 하지 않은 인벌류트 치형에 대해 자체 프로그램으로 계산하였다. 마찰 계수가 0에서 0.2으로 변할 때 그림 4.5에 도시한 수직력과 마찰력을 사용한다.

6.7.2 유한요소해석

표 4.2의 스퍼 기어 치는 하나 혹은 두 개만 물리지만, 치의 영향을 고려하여 4개의 치로 모델링하고 치 밑 부분을 치 높이의 두 배를 포함하고 치 좌우 밑 부분을 구속하여 2차원과 3차원으로 모델링하였다. 치의 재질은 강(E = 206 GPa, μ = 0.3)으로 하고, 상용해석 프로그램 MSC Nastran으로 해석하였다. 마찰 계수 0.1은 혼합 윤활 혹은 경계 윤활 구역의 저속에서 좋은 결과를 준다고 보고되므로,[11] 마찰력을 계산하기 위해 마찰 계수 0.1을 사용한다.

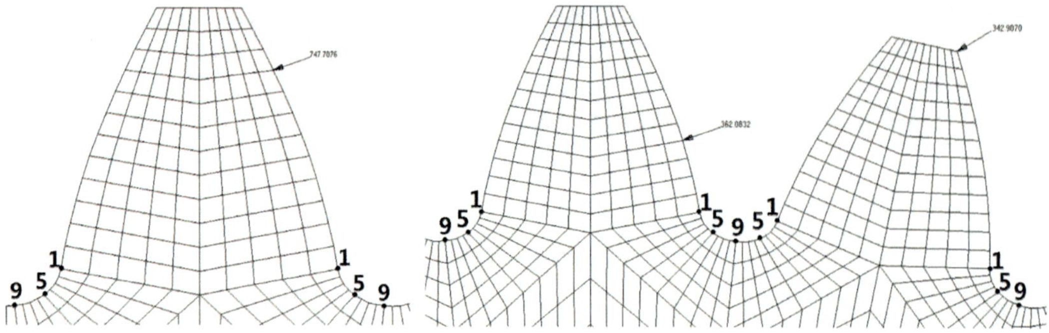

(a) 한 개 치 모델　　　　(b) 두 개 치 모델

| 그림 6.3 | 구동 기어의 유한요소해석 모델과 필렛 위치

하중은 마찰력이 작용할 때와 무시할 때, 평면 응력 조건인 쉘 요소와 평면 변형률 조건인 2차원 솔리드 요소를 사용하고, 이 결과를 비교하기 위해 3차원 솔리드 요소로 모델링하여 그 결과를 비교한 결과였다. 그 결과 평면 응력 요소가 평면 변형률 요소보다 3차원 해석 결과와 가까운 것을 알 수 있다. 또한, AGMA에 의한 굽힘응력은 수정계수를 무시할 때 71.42 MPa이고, 평면 응력의 결과와 유사하다. 이 두 결과로 스퍼 기어는 치폭이 크지 않으면 평면 응력으로 해석하여야 한다는 것을 보인다.

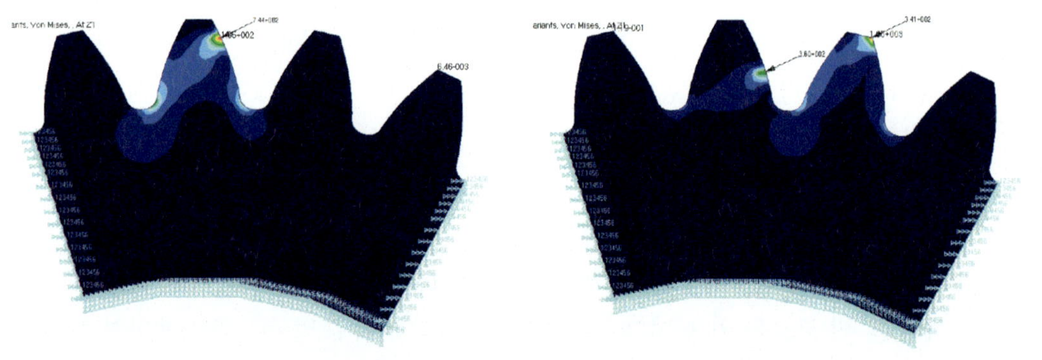

(a) 한 개 치 모델　　　　(b) 두 개 치 모델

| 그림 6.4 | 마찰이 없을 때 구동 기어의 유한요소 응력해석

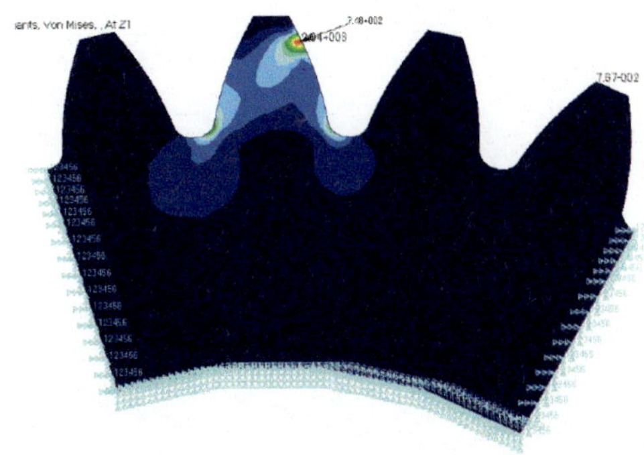

(a) 한 개 치 모델

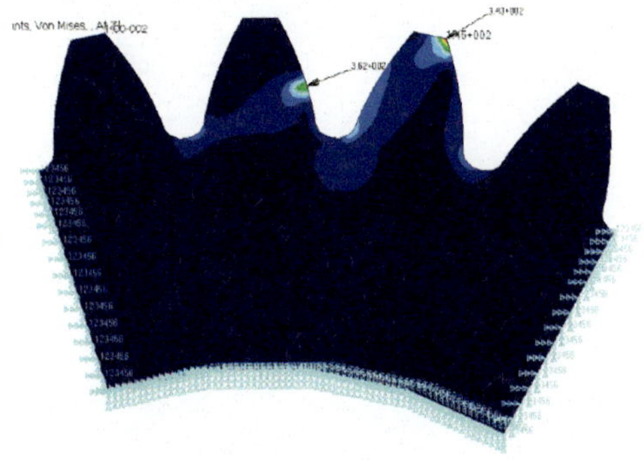

(b) 두 개 치 모델

| 그림 6.5 | 마찰이 있을 때 구동 기어의 유한요소 응력해석

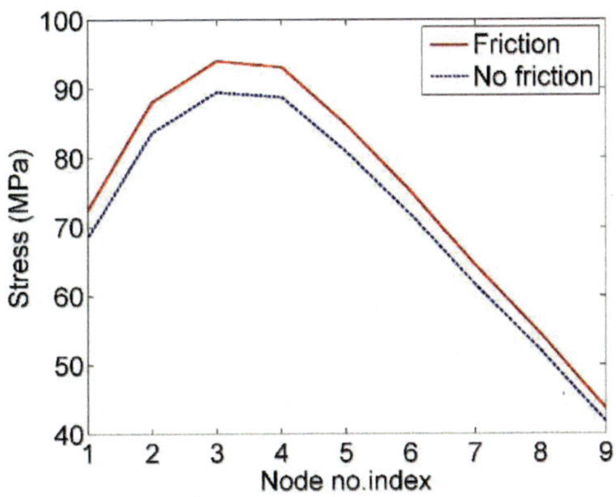

(a) 압축응력

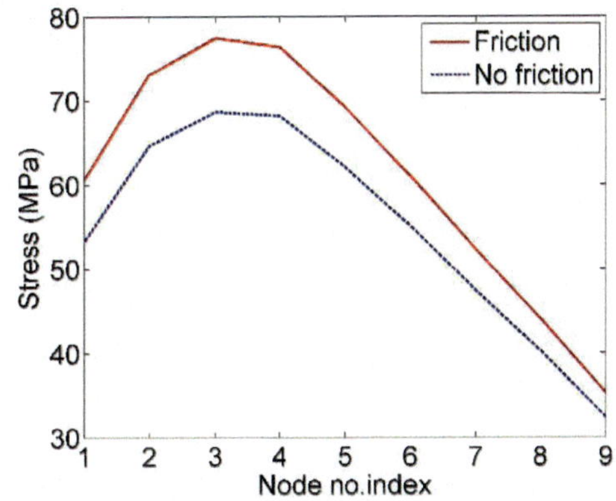

(b) 인장응력

| 그림 6.6 | 마찰이 있을 때 구동 기어의 이뿌리응력 (한 개 치 모델)

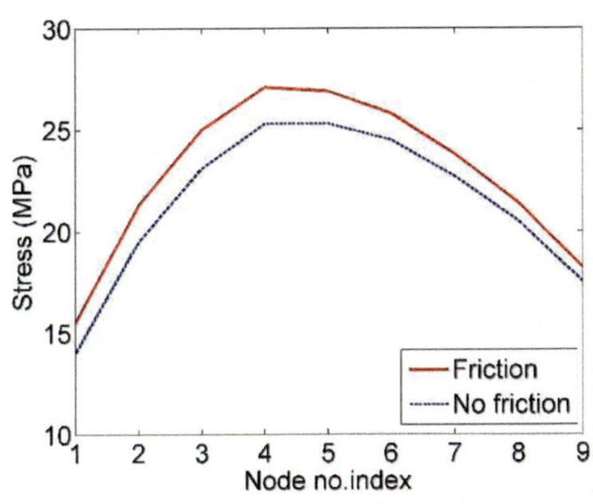

(a) 두 개 치–첫 번째 치 (압축)

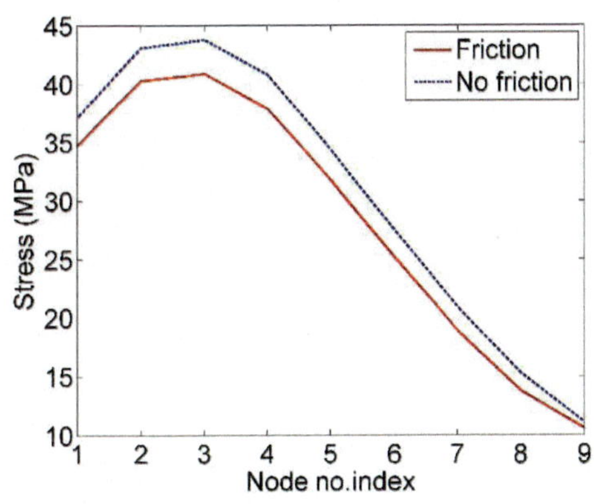

(b) 두 개 치–두 번째 치 (압축)

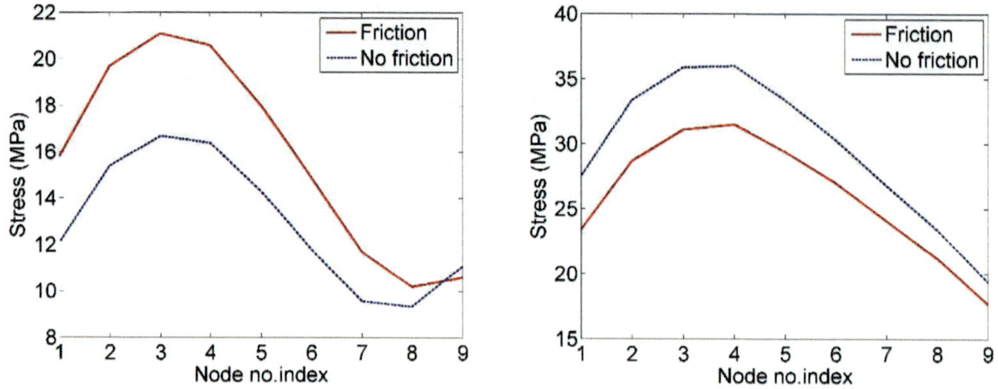

(c) 두 개 치–첫 번째 치 (인장)　　(d) 두 개 치–두 번째 치 (인장)

| 그림 6.7 | 마찰이 있을 때 구동 기어의 이뿌리응력 (두 개 치 모델)

그림 6.6은 하나의 치가 하중을 받을 때, 필렛 부위를 따라 인장과 압축응력을 Von-Mises 응력으로 도시하였다. 마찰이 있을 때의 압축응력은 마찰이 없을 때 보다 5% 상승하고, 인장 응력은 마찰이 없을 때 보다 12.8% 상승한다.

그림 6.7은 두 개의 치가 하중을 받을 때 위치에 따라 각 치의 인장응력과 압축응력을 도시한다. 단일 치에 하중이 작용할 때, 최대 인장 및 압축응력의 경우, 마찰이 있는 응력은 마찰이 없는 응력보다 크다. 두 개의 치에 하중이 작용하는 경우, 두 개의 치중 첫 번째 치는 마찰이 있는 인장응력과 압축응력이 마찰이 없는 경우보다 크다. 그러나 두 번째 치는 마찰이 없는 경우가 마찰이 있는 경우보다 응력이 크다. 최대응력은 단일치에 마찰이 있는 경우의 압축치저부응력이 된다. 그러므로 마찰을 고려한 해석을 하여야 정확한 응력해석이 가능하므로, 기어 파괴를 예측하기 위해서 마찰력을 포함한 응력해석을 하여야 한다.

참고문헌

[1] R.C. Budynas, J. K. Nisbett, 2013, Shigley's Mechanical Engineering Design, 9th ed., McGraw-Hill.

[2] ANSI/AGMA 2101-D04, 2004, Fundamental Rating Factors and Calculation Methods for Involute Spur and Helical Gear Teeth.

[3] ISO 6336, 2006, Calculation of load capacity of spur and helical gears.

[4] AGMA 908-B89, 1989, Geometry factors for determining the pitting resistance and bending strength of spur gear, helical and herringbone gear teeth.

[5] S. R. Schmid, B.J. Hamrock, B. O. Jacobson, 2014, Fundamentals of Machine Elements, SI Version, 3rd ed. Ch.14. CRC Press, NW.

[6] Dennis P. Townsend, 1992, DUDLEY'S GEAR HANDBOOK 2nd ed., McGraw-Hill, New York.

[7] SAE, 1994, Design practice-passenger car automatic transmissions.

[8] AGMA, 2003, Effect of Lubrication on Gear Surface Distress, AGMA 925-A03.

[9] 박찬일, 김지훈, 2021, 스퍼 기어의 혼합 평균 온도에 대한 치형의 영향, 대한기계학회논문집 A, 45(12), pp.1127-1135.

[10] 박찬일, 2019, 마찰을 고려한 스퍼 기어의 응력 해석, 대한기계학회논문집 A, 43(7), pp.459-465.

CHAPTER 07

치형 수정

기어 치가 강체이면, 치는 작용선을 따라서 간섭없이 연속적으로 맞물린다. 그러나 치가 강체가 아니므로 변형이 발생하고, 치 변형은 굽힘 변형과 비선형 변형인 Hertz 접촉 변형 등으로 이루어 진다. 치 변형의 결과로 기어는 치 끝의 모서리는 간섭이 발생한다. 치 변형 뿐 아니라 인접 피치 오차, 치형 오차 등 제작 오차와 축, 케이스 변형도 치의 간섭을 상승시킨다. 맞물리는 이 사이의 간섭은 치의 응력, 소음 진동을 증가시키는 동하중을 야기할 것이다. 이러한 간섭은 치선 수정이나 치저 수정 혹은 치선과 치저 수정 같이하여 간섭을 제거할 수 있다. 치선 수정과 치저 수정의 간섭 제거 효과는 같고, 치선 수정이 과도할 때 치선과 치저 수정으로 나누어서 수정할 수 있다.

치선 수정은 그림 7.1과 같이 치의 어떤 점부터 치 끝까지 수정하는 것으로, 수정의 양과 범위를 정해야 한다.[(1)]

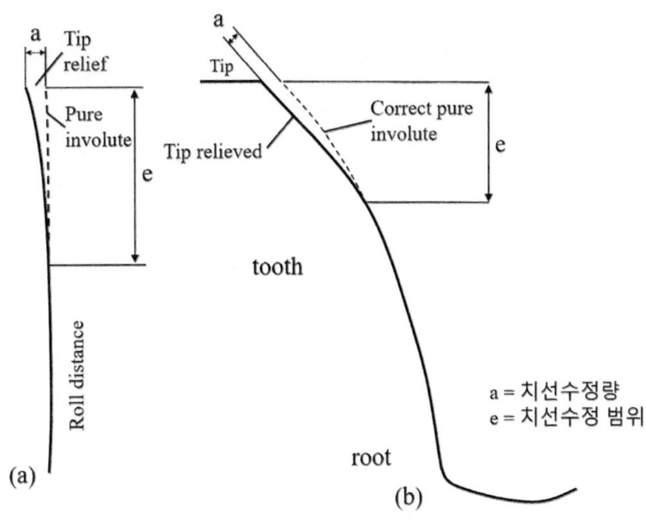

| 그림 7.1 | 치선 수정의 양과 범위

7.1 치선 수정의 양

치선 수정의 양은 최대 치의 하중 F_m에 의한 변형과 인접 피치 오차 F_{pm}의 합으로 다음 식으로 결정된다.

$$\frac{F_m}{bk_m} + f_{pm} \tag{7.1}$$

여기서 b는 치폭, k_m은 단위 길이당 치의 합성 강성이고 N/m/m로 주어지는 경우이다. 그러나 치의 합성 강성이 N/m으로 주어지면 윗 식은 $\frac{F_m}{k_m} + f_{pm}$으로 된다.

치의 강성은 두 개의 치가 맞물릴 때 그림과 같이 회전에 따라 합해진다. 단위길이 당 치의 강성의 대략적인 합성 강성은 1.4×10^{10} N/m/m이다. 즉, 기어가 10,000 N의 하중을 전달하고, 모듈이 4이고, 치폭이 25 mm이면 치는 $400/1.4 \times 10^7$m, 즉 28.6 μm의 처짐을 갖는다. 치선 수정양은 가장 큰 치 변형을 고려해 평가될 수 있다. 즉, 치의 어긋남(misalignment)을 고려해 70%의 변형을 추가하고 피치 오차, 치형 오차를 고려해 정해질 수 있다. 각 기어의 피치 오차가 3 μm, 각 기어의 치형 오차가 3 μm이면 치선 수정양은 $28.6 + 0.7 \times 28.6 + 3 \times 2 + 3 \times 2 = 60.62$ μm가 될 수 있다. 만일 맞물리는 기어 사이에 큰 온도차가 있다면 추가적인 치선 수정이 필요하다.[(1)]

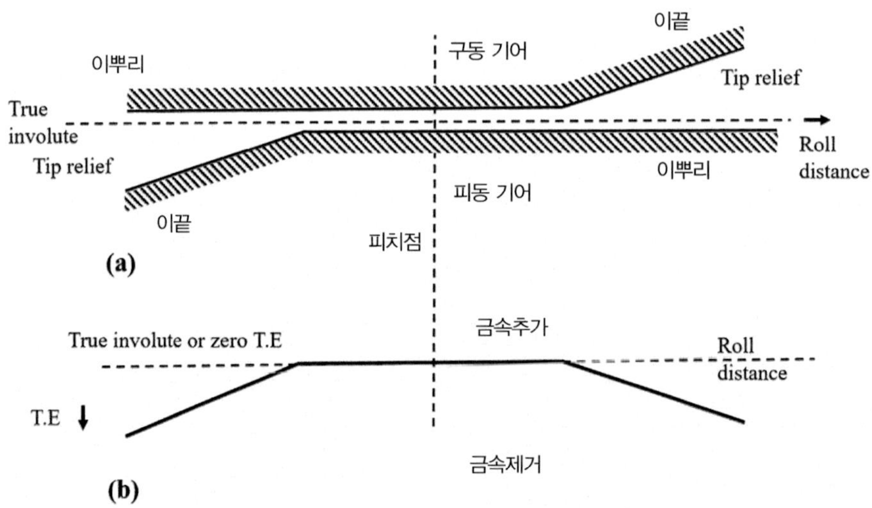

| 그림 7.2 | 치선 수정의 효과

이 치선 수정 양은 이끝만 주거나 이끝과 이뿌리에 나누어서 할 수 있다. 그림과 같이 맞물리는 기어가 치선 수정을 가지고 맞물리면 한 기어만 치선 수정과 치저 수정을 하고 다른 기어는 수정하지 않은 치형과 맞물려도 같은 효과를 갖기 때문이다.

7.2 치선 수정의 범위

치선 수정의 범위는 긴 수정(long relief), 짧은 수정(short relief), 중간 수정(intermediate relief)로 나눌 수 있다.

1) 긴 수정

치선 수정은 단일치 접촉 최고점(the highest points of single pair contact)에서 시작하여 치끝 치선 수정 양으로 수정하는 것이다. 이것은 치의 하중이 두 개 물리는 구간과 한 개 물리는 구간 사이에서 하중이 급격히 상승하는 것과 달리, 하중이 급히 변하지 않고 사다리꼴 형태의 하중 분포를 이루게 한다.

단일치 접촉 최고점과 단일치 접촉 최저점(the lowest points of single pair contact)은 2장의 식을 사용한다.

단일치 접촉 최고점

$$R_{hsc1} = \sqrt{R_{b1}^2 + \left[(R_{b1} + R_{b2})\tan\alpha - \sqrt{R_{o2}^2 - R_{b2}^2} + p_b\right]^2} \tag{2.2}$$

여기서 α는 맞물림 압력각, p_b는 기초원 피치

단일치 접촉 최저점

$$R_{lsc1} = \sqrt{R_{b1}^2 + \left(\sqrt{R_{o1}^2 - R_{b1}^2} - p_b\right)^2} \tag{2.3}$$

맞물림 피치 반경부터 단일치 접촉 최고 반경까지의 각도는 인벌류트의 정의로부터 다음 식으로 유도된다.

$$\alpha_{hsc} = \sqrt{\left(\frac{R_{hsc}}{R_b}\right)^2 - 1} - \tan\alpha \tag{7.2}$$

2) 짧은 수정

긴 수정 범위의 1/2에서 수정이 시작되어 치끝에서 치선 수정양으로 수정하는 것이다.

3) 중간 수정

긴 수정과 짧은 수정 중간에서 수정이 시작되어 치끝에서 치선 수정 양으로 수정하는 것이다.

4) 치형 수정 범위의 선택

기어 소음이 가벼운 하중에서 문제가 있을 가능성이 있고, 무거운 하중에서 다른 요소들에 의해 소음이 압도된다면, 짧은 수정을 선택하는 것이 좋을 수 있다. 그 경우에 전달 오차는 가벼운 하중에서 가장 작다. 그러나 기어가 실제적으로 상당히 일정한 하중에서 작동된다면, 최대 하중과 가까운 작동 하중으로 긴 수정이 선택되어야 한다. 그러면 전달 오차는 작동 하중 가까이에서 가장 작다. 기어가 하중 범위에서 하중이 변하면서 작동하면, 하중범위 중간의 하중이 선택된다. 선형 수정 방법은 많은 경우에 적당하다. 때때로 비선형 형태의 포물선 수정 곡선이 선택된다. 이는 그림 7.3과 같이 긴 수정과 같은 치선 수정량과 치형 수정의 범위를 갖는다.

7.3 리드 수정

이론적으로 기어가 물릴 때, 치면은 서로 평행하고 하중은 치폭 전체를 따라 분포할 것이다. 그러나 실제로는 치의 오차뿐 아니라 축, 베어링, 케이스 변형으로 어긋남(misalignment)을 발생시켜 치면은 정확히 평행하지 않고 경향이 있다. 따라서 하중은 균등하게 분포하기 보다는 치의 끝에서 집중될 수 있다. 이러한 모서리(edge) 접촉은 큰 접촉응력을 발생시키므로 이러한 끝의 하중을 완화하기 위해 리드 수정 혹은 크라우닝이 필요하다.

크라우닝의 방법은 리드 치형을 ① 리드 전체를 원호로, ② 치폭 중심에서는 평평하게 하고 치폭 끝 근처에서 원형으로 하는 방법 ③ 치폭 중심에서는 평평하게 하고 치폭 끝 근처에서 2차 곡선으로 하는 방법 ④ 치폭 중심에서는 평평하게 하고 치폭 끝 근처에서 로그 곡선으로 하는 방법 등 여러 가지로 제시되고 있다.[(2)] 한편 치폭 중심에서는 수정하지 않고 치폭 끝 근처에서 2차 곡선으로 하는 방법이 가장 좋은 결과를 보인다는 보고가 있다.[(3)] 어긋남과 접촉응력을 함께 검토해 리드 수정을 선택해야 하며 리드 치형의 제작 가능성도 고려해야 한다. 작용평면에서 어긋남 오차는 0.01°보다 커서는 안되고, 원호 치형의 리드 크라우닝은 20 μm 이하로 해야 하고, 제작 오차는 10 μm 이하로 하는 것이 제안된다.[(4)] 그러나 정확히는 기어, 축, 베어링, 케이스의 변형을 고려해서 결정한다. 기어 쌍이 크라우닝이 있다면 보통 피니온에 크라우닝을 준다.[5]

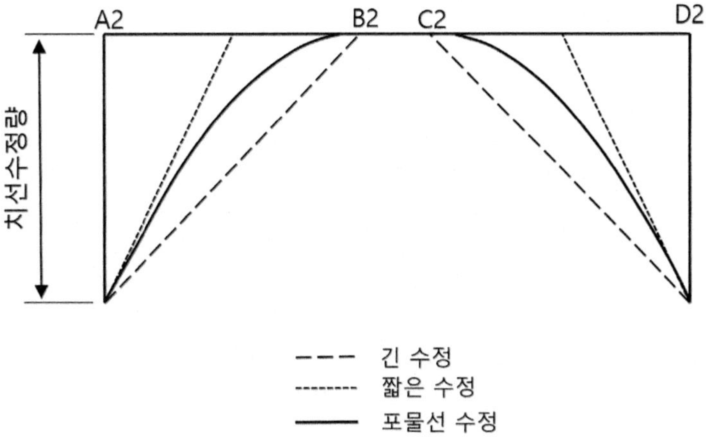

| 그림 7.3 | 치선 수정의 종류

7.4 치의 오차 모델링[6]

치의 오차는 기계가공에 의한 오차이기도 하지만 기어 진동을 억제하고 치면에 작용하는 하중을 줄여서 치의 피팅을 방지하고 치뿌리에 과도한 응력에 의한 치의 파괴를 방지하기 위한 수정의 수단으로서 설계 시부터 부여된다. 이러한 치의 오차는 치에 걸리는 하중에 따라 치의 접촉면적을 변화시키는 요인이 되고 그에 따라 치의 강성도 변화한다. 치면은 치높이 방향의 치형 곡선과 치폭 방향의 리드 곡선으로 이루어져 있다. 치형 곡선은 대부분의 스퍼 기어에서 중요하고, 반면에 치형과 리드 곡선은 헬리컬 기어에 중요하다.

치의 오차는 크게 치형 방향의 오차와 치폭 방향의 오차로 나누어지고 치형 방향의 오차로는 압력각 오차, 치형 크라우닝(crowning), 치선 수정, 치폭 방향의 오차로는 리드(lead) 오차, 리드 크라우닝(lead crowning)이 있다. 각 오차의 기능별로 살펴볼 때 치형 크라우닝과 리드 크라우닝은 기어의 응력이나 진동에 치명적인 오목 치형을 방지하기 위해 실시한다. 리드 오차는 비틀림각 오차를 나타내며 축, 베어링과 변속기 케이스의 변형에 의한 치의 어긋남(misalignment)을 보상하여 치의 편접촉을 방지하기 위해 실시한다. 또한 치선 수정은 구동 기어의 치의 선단과 피동 기어의 치저부가 치의 변형이나 피치 오차에 의해 생기는 맞물림 충격을 방지하며 급격한 치의 강성변화를 주지 않기 위해 실시한다. 이러한 치의 오차는 작용선상에서 축직각 방향으로 측정된 값이며, 해석에서는 구동과 피동 기어의 합성 오차가 사용된다. 각 접촉에서의 합성 오차는 구동 기어와 피동 기어의 접촉선 각 지점의 오차의 합이며 다음은 계산에 사용된 각 오차의 모델링을 나타낸다.

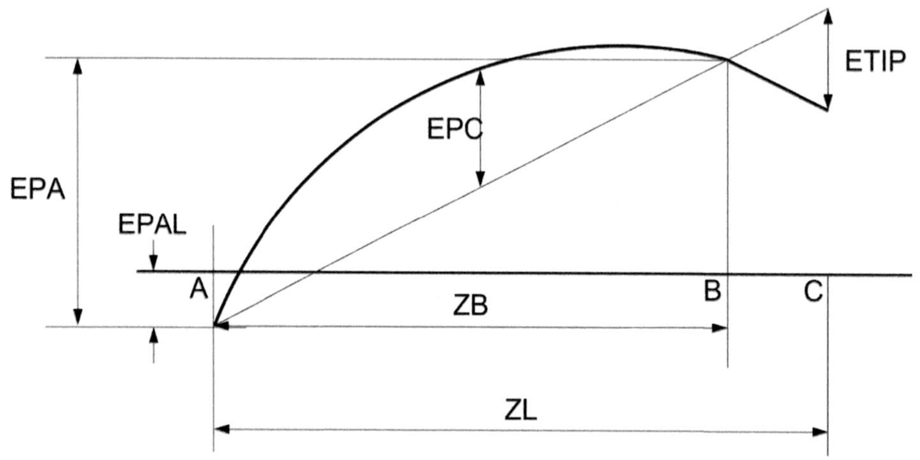

| 그림 7.4 | 치형 방향의 치의 오차

1) 압력각 오차

치가 처음 맞물리는 점부터 작용선상의 B점까지의 구간에서 정의하였다. A점에서 EPAL로 시작하여 B점에서 총 높이가 EPA가 되도록 하였으며 그 구간에서 다음과 같이 일차식으로 나타내었다.

$$E_a(y) = -\left[EPA(y + ZL/2)/ZB + EPAL\right] \tag{7.3}$$

여기서 $ZB = (ZL + \pi m_s \cos\alpha_s)/2$, ZL은 작용선의 길이, m_s는 축직각 모듈, α_s는 축직각 압력각

2) 치선 수정

작용선상의 B점부터 작용선의 끝에까지 다음과 같이 일차식으로 나타내었다.

$$E_t(y) = -\left[EPA + EPAL - \{EPA(1 - ZL/ZB) + ETIP\}(Y - ZB + ZL/2)/(ZL - ZB)\right] \tag{7.4}$$

3) 치형 크라우닝

압력각 오차와 마찬가지로 A점부터 B점까지 구간에서 정의하였으며 그 구간에서 다음과 같이 2차식으로 모델링하였다.

$$E_b(y) = -\left[EPC\left(y - ZB + \frac{ZL}{2}\right)\left(y + \frac{ZL}{2}\right)\left(\frac{-ZB^2}{4}\right)\right] \tag{7.5}$$

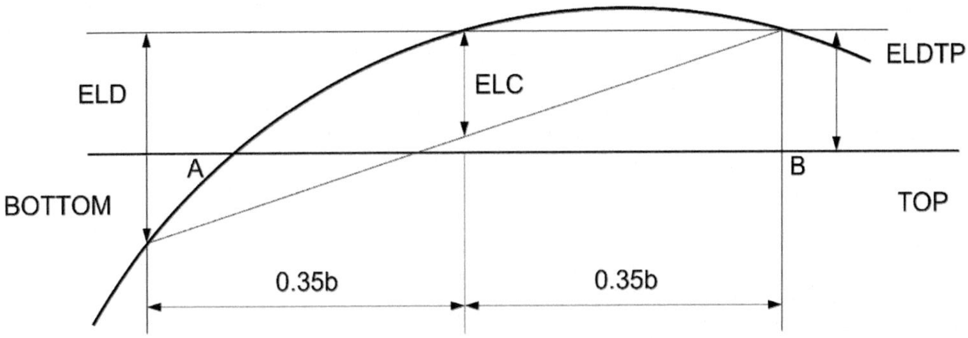

| 그림 7.5 | 치폭 방향의 치의 오차

4) 리드 오차

치폭 b의 70%만 관리한다면 치폭의 양끝단의 15% 안쪽에서 정의한다. 만일 치폭 관리구간을 넓히려면 이 구역을 확장한다. B점에서 ELDTP로 시작하여 A점에서 B점까지 총 높이가 ELD이고 B점에서 ELDTP가 되도록 구간에서 다음과 같이 일차식으로 모델링 하였다.

$$E_1(x) = -\left[\frac{ELDx}{2(0.35b)} + ELDTP - \frac{ELD}{2}\right] \tag{7.6}$$

5) 리드 크라우닝

치폭 b의 70%만 관리하는 구간에서 2차식으로 정의하여 치폭 전구간으로 모델링 하였다.

$$E_c(x) = -\left[-\frac{ELCx^2}{(0.35b)^2} + ELC\right] \tag{7.7}$$

7.5 축의 변형과 치의 오차의 관계 (7)

축의 변형은 맞물리는 기어 사이에 어긋남을 발생시켜 치 접촉을 편접촉으로 이끈다. 이 절에서는 헬리컬 기어의 축의 변형이 치의 오차로 환산하는 방법에 대해 기술한다.

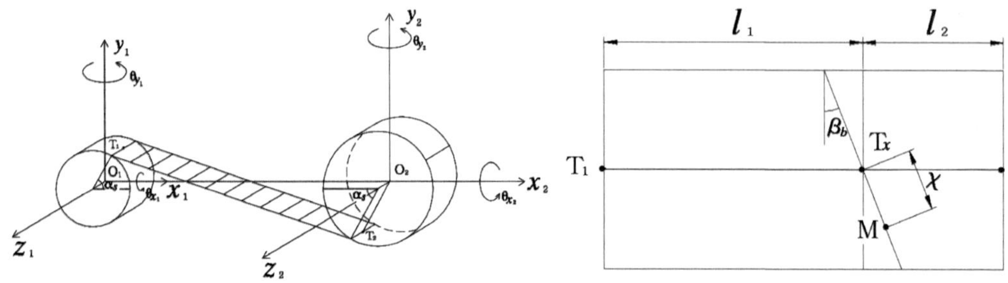

| 그림 7.6 | 헬리컬 기어의 작용 평면과 좌표 시스템

그림 7.6과 같이 구동 기어가 축의 변형에 의해 θ_{x1}과 θ_{y1}로 회전되어 있다고 하면 축직각 방향에서 치의 오차는 다음 식으로 나타내어진다.

$$e_{m1}(x)=\left((\theta_{x1}i+\theta_{y1}j)\times \overrightarrow{O_1M}\right)\cdot \overrightarrow{T_1T_x}/|\overrightarrow{T_1T_x}| \tag{7.8}$$

여기서 $\overrightarrow{T_1T_x}=l_1(\sin\alpha_s i-\cos\alpha_s j)$,

$\overrightarrow{O_1M}=(R_{b1}\cos\alpha_s+l_1\sin\alpha_s+xl_1\sin\beta_b\sin\alpha_s)i+(R_{b1}\sin\alpha_s-l_1\cos\alpha_s-xl_1\sin\beta_b\cos\alpha_s)j$

$+x\cos\beta_b k$

위의 결과를 대입하면 축직각 방향의 치의 오차는 다음과 같이 된다.

$$e_{m1}(x)=x\cos\beta_b\sin\alpha_s\theta_{y1}+x\cos\beta_b\cos\alpha_s\theta_{x1} \tag{7.9}$$

구동 기어와 마찬가지로 피동 기어도 그림 7.6의 작용평면의 접촉선 상의 점 M에서 축의 변형에 의해 θ_{x2}와 θ_{y2}로 회전되어 있다면 다음 식으로 주어진다.

$$e_{m2}(x)=\left((\theta_{x2}i+\theta_{y2}j)\times\right)\overrightarrow{O_2M}\right)\cdot \overrightarrow{T_2T_X}/|\overrightarrow{T_2T_x}| \tag{7.10}$$

여기서 $\overrightarrow{T_2T_x}=l_2(-\sin\alpha_s i+\cos\alpha_s j)$

$\overrightarrow{O_2M}=(-R_{b2}\cos\alpha_s-l_2\sin\alpha_s+xl_2\sin\beta_b\sin\alpha_s)i+(-R_{b2}\sin\alpha_s+l_2\cos\alpha_s-xl_2\sin\beta_b\cos\alpha_s)j$

$+x\cos\beta_b k$

피동 기어의 축직각 방향의 치의 오차는 다음과 같이 된다.

$$e_{m2}(x) = -x\cos\beta_b \sin\alpha_s \theta_{y2} - x\cos\beta_b \cos\alpha_s \theta_{x2} \quad (7.11)$$

축의 변형에 의한 구동 기어와 피동 기어 축직각 방향의 오차는 두 오차를 합하여 다음과 같이 된다.

$$e_m = e_{m1}(x) + e_{m2}(x) = x\cos\beta_b \sin\alpha_s(\theta_{y1} - \theta_{y2}) + x\cos\beta_b \cos\alpha_s(\theta_{x1} - \theta_{x2}) \quad (7.12)$$

이 오차는 운동방정식의 오차 $e(t)$항으로 적용된다.

7.6 최적 치형 수정의 설계 [8]

기어 설계는 모듈, 잇수, 압력각 등 여러 파라미터의 기어의 큰 치수를 결정하고, 기어 설계 과정의 첫 단계에서 변경될 수 있다. 기어의 치형 수정, 리드 수정 등 치면의 마이크로 설계는 마지막 단계에서 조차 변경될 수 있다. 치면은 소음에 민감하기 때문에 치면 설계는 기어 소음 저감에 중요한 도구로써 인식되고 있다. 여러 하중 조건하에서 저 소음을 위한 치면의 설계는 매우 중요하고, 기어 소음은 전달오차와 크게 연관된다. 전달오차는 한 하중에 의해 결정되나, 자동차 변속기 등 대부분의 기어는 여러 하중을 받는다. 전달오차 저감을 위한 최적 치면 수정은 전달오차의 비선형성 때문에 해석적으로 결정하기 어렵다. 특히 여러 하중이 작용할 때 최적 치면을 결정하는 것은 더욱 그렇다. 여러 하중 하에서 설계 변수를 만족하는 것은 다목적 최적화의 Pareto optimum을 이끈다. 이 절에서는 반응표면법과 다목적 최적설계법을 사용하여 강건 치면 설계와 리드 곡선을 결정하는 법을 소개한다.

먼저 리드 곡선의 최적화를 하여 본다. 전달오차, 실험계획법, 반응표면법을 사용하여 최적 리드 곡선을 결정하는 방법을 소개한다.[8-11]

영향력 있는 설계 변수를 선택하기 위해 분산분석(analysis of variance)을 한다. 분산분석의 자세한 설명은 참고문헌[11]을 참고한다. 분산분석 후 선택된 토크와 구동 기어와 피동 기어의 리드 크라우닝이다. 설계 변수가 최적 영역에서 선택된 후 전달오차를 위한 다음과 같은 2차 모델이 사용된다.

$$y = \beta_o + \sum_{i=1}^{k}\beta_i x_i + \sum_{i=1}^{k}\beta_{ii}x_i^2 + \sum_{i<j}^{k}\beta_{ij}x_i x_j + \varepsilon \quad (7.13)$$

적은 횟수의 실험으로 곡면을 추정하기 하여 2차 모델을 맞추기 위한 중심합성계획(central composite design)이 도입된다. 모델의 행렬형태식은 다음으로 주어진다.

$$y = X\beta + \varepsilon \tag{7.14}$$

β의 최소제곱추정량(least squares estimator)은 다음으로 주어진다

$$\hat{\beta} = \left(X^T X\right)^{-1} X^T y \tag{7.15}$$

2차 모델을 확정하기 위한 외삽 구역은 토크 5-15 kgf · m, 구동 기어와 피동 기어의 리드 크라우닝 7-21 μm, 계산을 간단히 하기 위해 독립변수는 (-1, 1)으로 코드화한다. 코드화한 변수 x_1, x_2와 x_3는 각각 토크, 구동 기어의 리드 크라우닝, 피동 기어의 리드 크라우닝이다.

중심합성계획에 의한 실험 결과 회귀 모델은 다음으로 주어진다.

$$\hat{y} = 0.3762 - 0.1498x_1 + 0.132x_2 + 0.132x_3 + 0.1491x_1^2 - 0.0011x_2^2 - 0.0011x_3^2 - 0.1129 x_1x_2 - 0.1129x_1x_3 + 0.006x_2x_3 \tag{7.16}$$

분산분석과 다중결정계수(coefficient of multiple determination)을 사용하여 모델의 유용성을 검토하였다. 모델의 유용성이 확인된 후 $-1 \le x_1 \le 1$, $-1 \le x_2 \le 1$, $-1 \le x_3 \le 1$의 범위에서 식 (7.16)의 최소화하는 문제로 귀결된다. 최적화 문제를 풀면, 토크 5.88 kgf · m과 구동 기어와 피동 기어의 리드 크라우닝 7 mm에서 최소 전달 오차 0.1469가 되었다.[(8)]

참고문헌

[1] J.D. Smith, 2003, Gear Noise and Vibration 2nd ed., Marcel Dekker, Inc., NY, Ch.2.

[2] Ellen Bergseth - Stefan Björklund, 2010, Logarithmical Crowning for Spur Gears, Journal of Mechanical Engineering 56(4), pp.239-244.

[3] Houser, D.R., Harianto, J., 2003, Design Robustness and its Effect on Transmission Error and Other Design Parameters, Gear Technology, 20(2), pp.18-25.

[4] Li, S., 2007, Effects of machining errors, assembly errors and tooth modifications on loading capacity, load-sharing ratio and transmission error of a pair of spur gears, Mechanism and Machine Theory, 42, pp.698-726.

[5] Anngwo Wang and Lotfi El-Bayoumy, 2009, Crowning Techniques in Aerospace Actuation Gearing, ASME Proceedings of the ASME 2009 International Design Engineering Technical Conferences & Computers and Information in Engineering Conference, San Diego, California, USA.

[6] 박찬일, 1992, 기어계의 하중전달 및 진동 특성에 관한 연구, 박사학위 논문, 서울대학교.

[7] 박찬일, 조도현, 2002, 축과 베어링 변형을 고려한 헬리컬 기어의 전달오차 해석, 26(10), pp.2194-2200.

[8] Park, C.I., 2010, Multi-objective optimization of the tooth surface in helical gears using design of experiment and the response surface method, Journal of Mechanical Science and Technology 24(3), pp.823-829.

[9] Montgomery, D. C., 2001, Design and Analysis of Experiments 5th ed., John Wiley & Sons, NY.

[10] Myers, R.H. and Montgomery, D.C., 2002, Response Surface Methodology, 2nd ed., John Wiley & Sons, NY.

[11] 박성현, 2002, 현대실험계획법, 민영사.

CHAPTER 08

전달 오차

전달 오차(transmission error)는 기어 소음에 중요한 요인이다. 기어의 소음은 각종 설계요인, 제조요인, 조립요인 등에 의해 발생한다. 이러한 요인들에 의해 기어 사이에는 운동과 힘의 불완전한 전달이 이루어지며 이러한 요인들을 통칭하여 전달 오차라고 한다. 전달 오차는 두 기어 사이의 완전한 운동 전달의 척도이며 기어 소음의 발생에서 가장 중요한 척도이다. 이 전달 오차의 주파수 분석을 통하여 축의 회전과 기어 맞물림으로 부터 얻을 수 있는 맞물림 주파수와 그의 하모닉(harmonics)은 기어 소음의 유용한 정보를 제공한다. 이 전달 오차는 부하를 받지 않고 치형 오차, 인접 피치 오차, 치홈의 흔들림(runout)과 같은 부정확한 제작 오차 때문에 발생하는 제작 전달 오차와 부하를 받을 때 치의 변형을 고려하는 부하 전달 오차로 나눌 수 있다. 또한 부하 전달 오차는 정하중 상태의 정적 전달 오차와 동하중 상태의 동적 전달 오차로 나눌 수 있다.

정적 전달 오차는 정하중 상태에서 기어 기초원 반경에서의 상대 변위이다. 정적 전달 오차를 가진항으로 하여 기어계의 동적특성을 고려한 경우에 기초원 반경에서의 상대 변위를 동적 전달 오차라고 한다. 그러므로 기어 소음을 예측하기 위해서는 정적인 전달 오차 뿐 아니라 동적 전달 오차의 예측이 필요하다. 왜냐하면 정적인 전달 오차만 가지고는 회전수 변화에 따른 기어계의 동적인 특성의 파악이 불가능하기 때문이다.

8.1 전달 오차의 정의[(1)]

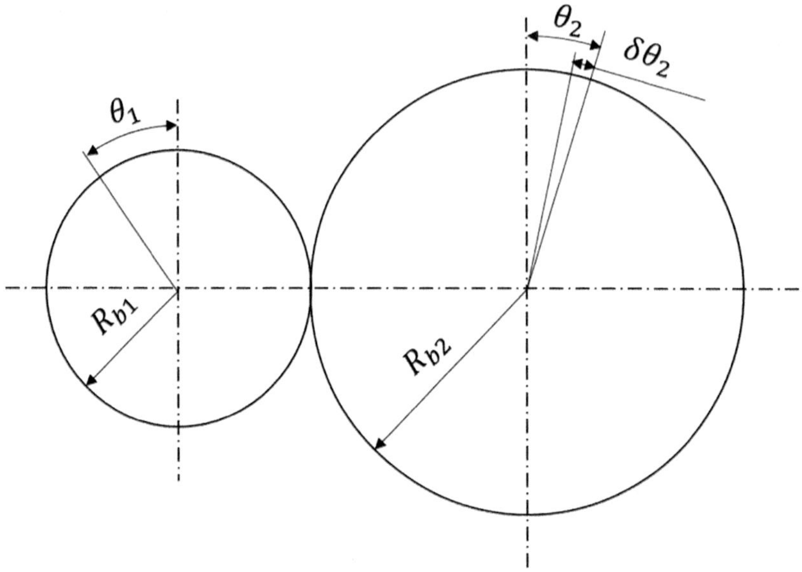

| 그림 8.1 | 전달 오차의 정의

전달 오차는 피동 기어가 완전한 운동 전달을 위해 차지해야 할 위치에 대하여 피동 기어의 실제 위치 사이의 차이로 정의하며, 다음 식과 같이 각도 또는 길이로 표현한다. 즉, 표 8.1에서 잇수 Z_1, 기초원 반경을 가진 구동 기어가 θ_1 회전하면 잇수 Z_2, 기초원 반경을 가진 피동 기어는 $\theta_2 = \frac{R_1}{R_2}\theta_1 = \frac{Z_1}{Z_2}\theta_1$로 회전하여야 한다. 그러나 하중에 의한 치의 변형 등 여러 요인에 의해 피동 기어 실제 회전하는 각도 θ_2는 이 각도와 차이 $\triangle\theta_2$가 발생하며 이를 각도 전달 오차라고 하고, 길이로 나타내기 위해 피동 기어 피치 반경 혹은 기초원 반경을 곱하여 다음 식과 같이 사용한다.

$$\text{(각도) } TE = \theta_2 - \frac{Z_1}{Z_2}\theta_1 \tag{8.1a}$$

$$\text{(길이) } TE = R_2\left(\theta_2 - \frac{Z_1}{Z_2}\theta_1\right) \tag{8.1b}$$

[표 8.1] 전달 오차 관계

	구동 기어	피동 기어
잇수	Z_1	Z_2
반경	R_1	R_2
이론적인 각 위치	θ_1	$\theta_2 = \theta_1 \dfrac{Z_1}{Z_2}$
실제 각 위치	θ_1	$\theta_2 = \theta_1 \dfrac{Z_1}{Z_2} + \Delta\theta_2$
실제 선 위치	$R_1\theta_1$	$R_2\theta_2 = R_2\theta_1 \dfrac{Z_1}{Z_2} + R_2\Delta\theta_2$ $= R_2\theta_1 \dfrac{Z_1}{Z_2} + TE$

8.2 전달 오차에 영향을 주는 요인

전달 오차는 인접 피치 오차, 치의 변형, 치형 오차, 치홈의 흔들림 등 여러 요인에 의해 발생하며, 맞물림 주파수를 제외한 축 주파수의 모든 조화 주파수(harmonics)에 주파수 성분을 제공한다. 이 절에는 전달 오차에 영향을 주는 요인들에 대해 기술한다.

1) 인접 피치 오차

인접 피치 오차는 피치원상에 인접한 두 피치의 차이이며, 피치 오차로 인해 구동 기어의 간격이 작으면 그림 8.2와 같이 피동 기어는 이론적 위치 보다 먼저 접촉하게 되어 전달 오차를 발생시킨다.

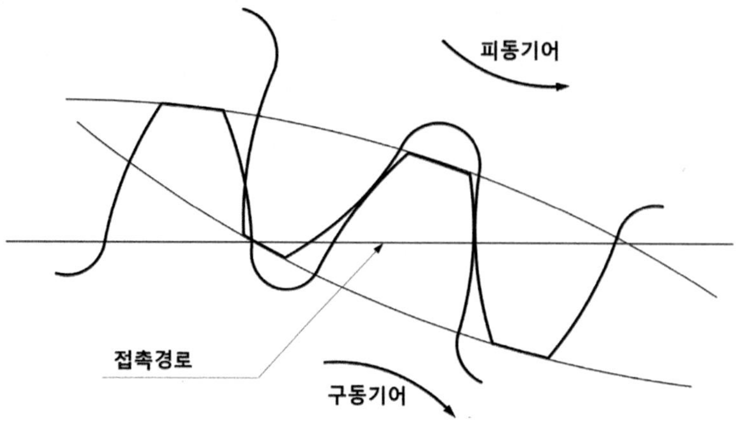

| 그림 8.2 | 인접 피치 오차의 영향

2) 하중에 의한 치의 변형

인접 피치 오차와 비슷한 효과가 하중을 받는 치 변형의 결과로 발생한다. 하중에 의한 치의 변형으로 구동 기어는 변형 만큼 앞으로 회전하게 되고 인접 피치 오차와 같이 피동 기어는 이론적 위치보다 그림 8.2와 같이 먼저 접촉하게 된다. 이는 치선 수정이나 치저 수정을 통해 이 상황을 피할 수 있다. 치의 변형은 치형 오차와 같이 맞물림 주파수 전달 오차와 소음에 주로 기여한다.

3) 치형 오차

인벌류트 치형을 갖는 기어에서 이 인벌류트 치형으로부터 벗어나는 치형 오차는 전달 오차를 발생시킨다. 치형 수정과 구동 치형과 피동 치형의 합쳐진 치형 오차가 전달 오차에 기여한다.

4) 축의 어긋남(misalignment)과 리드 오차

축의 변형과 같은 효과를 가지고 기어 물림의 편접촉을 야기한다. 이 오차로 인해 유효 치폭 감소하고 접촉선 길이의 합을 감소시켜 전달 오차를 증가시킨다.

5) 편심

기이의 편심은 축 회전당 한 번의 가진 주파수를 야기하며, 전달 오차의 주파수 스펙트럼에서 맞물림 주파수의 측대 주파수(sideband)로 나타난다.

6) 치홈의 흔들림

치홈의 흔들림은 한 피치씩 이동하면서 이 홈에 탐침(probe)을 끼워 이 중심으로부터의 높이 차를 읽어 최대치와 최소치의 차이이며, 전달 오차에 편심과 비슷한 현상을 야기한다.

7) 치면 가공 오차(Ghost error)

이 오차는 기어를 생산하는 공작기계의 전달 오차로부터 일어난다. 맞물림 주파수와 연관되어 있지 않고, 치면 가공시 발생하는 치면 가공 치면 파동과 연관되어 전달 오차에 영향을 준다.

8.3 전달 오차의 종류

1) 제작 전달 오차(Manufactured Transmission Error: MTE) 혹은 무부하 전달 오차(Unloaded Transmission Error(ULTE)) : 기어가 부하를 받지 않으면 치형 오차, 피치 오차, 치홈의 흔들림과 같은 부정확한 제작 오차 때문에 발생한다.
2) 부하 전달 오차(Loaded Transmission Error(LTE)) : 부하를 받을 때 치의 변형을 고려하는 전달 오차로 치의 변형은 피동 기어를 구동 기어 뒤에 처지게 하고 음의 전달 오차를 발생시키며 다음 두 성분이 영향을 준다.
   - 평균치 강성에 기인한 상수 성분 : 이 성분은 적당한 치형수정을 선택하는 데 매우 중요하나 맞물림 주파수 소음에 대해서는 덜 중요하다.
   - 치의 기하학과 치의 강성의 변동 성분 : 제작 전달 오차와 마찬가지로 이 성분은 맞물림 주파수 성분에 크게 기여한다.

부하 전달 오차는 정적인 변형만을 고려하는 정적 전달 오차와 동적 특성을 포함하는 동적 전달 오차로 나눌 수 있다.

8.4 정적 전달 오차(Static Transmission Error) 해석

1) 스퍼 기어의 정적 전달 오차

정적 전달 오차는 앞서 언급한 바와 같이 여러 요소에 의해 영향을 받는다. 크게는 치의 변형과 치의 오차에 의해 영향을 받는다고 가정하면, 스퍼 기어의 경우 하중 계산과 연동하여 4장에서 설명한 하중 변형 관계와 모멘트 평형 식 (4.8)-(4.10)에 의해 구할 수 있다. 치가 맞물리는 경우에 따라 식 (4.11), (4.16), (4.19)에 의해 정적 전달 오차가 구해진다.

2) 헬리컬 기어의 정적 전달 오차[(2)]

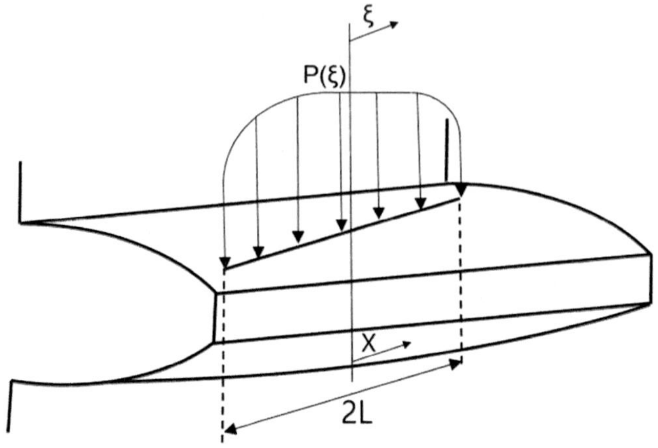

| 그림 8.3 | 헬리컬 기어의 접촉선 좌표

헬리컬 기어의 정적 전달 오차는 헬리컬 기어를 비틀림각 방향으로 스퍼 기어 치로 되어 있다고 가정하여 구할 수 있다. 여기서는 헬리컬 기어를 스퍼 기어로 변환하지 않고 모델링 할 때, 헬리컬 기어의 정적 전달 오차를 구하는 방법을 소개한다. 이를 위해, 헬리컬 기어의 전달 오차를 계산하기 위해 두 쌍 이상의 치가 토크를 전달할 때 이 치들은 모두 접촉하고 있고 간섭을 피하기 위해 각 쌍의 전체 변형은 접촉점에 관계 없이 같고 접촉변형의 영향함수는 집중하중이 작용하는 점에서만 영향을 준다고 가정한다. 이러한 가정 하에 한 개의 접촉선 상의 하중 P와 변형과 전달 오차의 관계는 다음과 같은 적분 방정식에 의해 나타내어진다.

$$\Delta \cos\beta_b = \int_{-L}^{L} K_b(x,\xi)p(\xi)d\xi + K_c(x)P(x) + e(x)\cos\beta_b \tag{8.2}$$

여기서 $K_b(x,\xi)$는 굽힘영향함수, $K_c(x)$는 접촉영향함수, $e(x)$는 축직각 치의 오차.

한 쌍의 치의 전달 하중은 분포 하중 $p(\xi)$를 접촉선에 대해 적분하여 다음 식에 의해 얻어진다.

$$F_j = \int_{-L}^{L} p(\xi)d\xi \tag{8.3}$$

동시에 맞물리고 있는 n 개의 치의 축직각 방향 성분의 하중이 전체 수직 하중과 같다는 조건 하에서 다음과 같은 관계를 얻는다.

$$\frac{T_1}{R_{b1}} = \sum_{j=1}^{n} F_j \cos\beta_b \tag{8.4}$$

각 접촉선에서의 전달 오차를 구하기 위해 (8.2), (8.3), (8.4) 식을 연립하여 푼다.

8.5 동적 전달 오차(Dynamic Transmission Error) 해석

앞서 기술한 바와 같이 정하중 상태에서 기어 기초원 반경에서의 상대 변위를 정적 전달 오차이며, 정적 전달 오차를 가진항으로 하여 기어계의 동적특성을 고려한 경우에 기초원 반경에서의 상대 변위를 동적 전달 오차라고 한다. 그러므로 기어 소음을 예측하기 위해서는 정적인 전달 오차 뿐 아니라 동적 전달 오차의 예측이 필요하다. 왜냐하면 정적인 전달 오차만 가지고는 회전수 변화에 따른 기어계의 동적인 특성의 파악이 불가능하기 때문이다. 이러한 동적 전달 오차를 해석하기 위한 1자유도계 및 다자유도계 모델을 기술한다.

1) 1자유도계 모델

이러한 동적 전달 오차에 대한 모델로 기어 계를 1자유도계로 비틀림 모델링한 것이 가장 간단한 모델이다. 이 비틀림 모델은 강체모드를 제외하면 1자유도계 선형 등가 질량 스프링 모델로 변환되고, 전달 오차는 변위형태의 가진으로 작용한다.

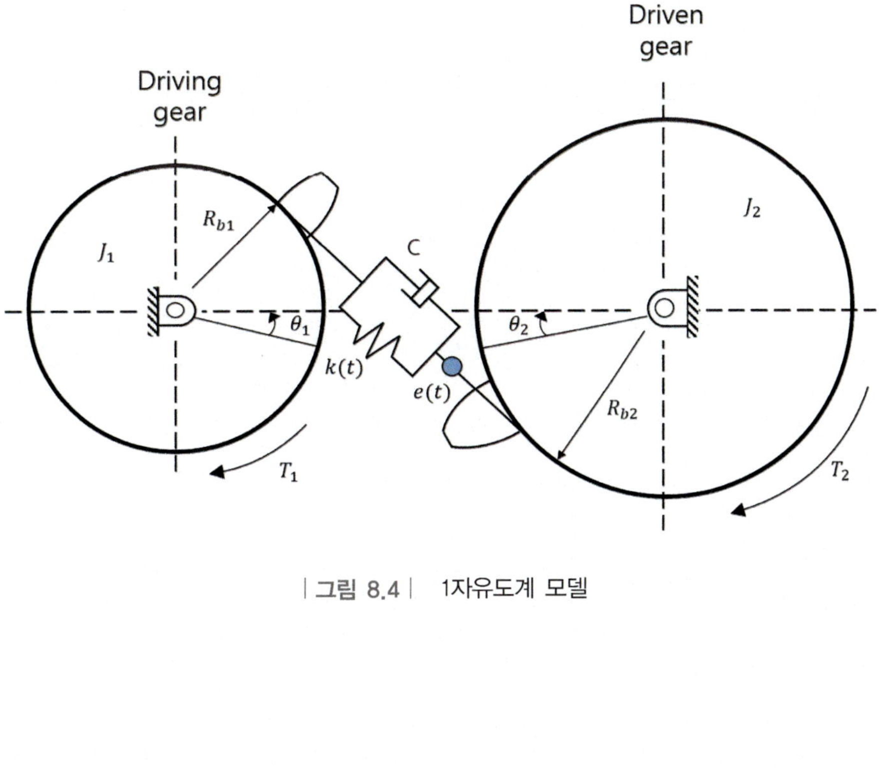

| 그림 8.4 | 1자유도계 모델

구동 기어와 피동 기어의 회전방향의 2개의 비틀림 운동방정식이 얻어질 수 있다. 이 비틀림 운동방정식은 강체 모드(rigid body mode)가 있으므로 다음과 같이 1자유도 운동방정식으로 표현된다. 이 식을 이용하여 동적 전달 오차 x가 구해진다.

구동 기어와 피동 기어의 회전 방향 모멘트 평형에 의한 운동방정식은 다음 식으로 각각 주어진다.

$$J_1\ddot{\theta}_1 = T_1 - F_g R_{b1} \tag{8.5}$$

$$J_2\ddot{\theta}_2 = - T_2 + F_g R_{b2} \tag{8.6}$$

여기서 J_1과 J_2은 구동 기어와 피동 기어의 질량 관성모멘트, T_1과 T_2는 구동 토크와 부하 토크이다.

기어의 동적 수직힘은 정적 전달 오차 $e(t)$를 고려한 작용선 상의 변위 $\delta(t)$로 다음과 같이 주어진다.

$$F_g(t) = k(t)\delta + C\dot{\delta} \tag{8.7}$$

여기서

$$\delta = R_{b1}\theta_1 - R_{b2}\theta_2 - e(t)$$

식 (8.5)에 $m_1/m_2\,(m_1 = \dfrac{J_1}{R_{b1}^2},\ m_2 = \dfrac{J_2}{R_{b2}^2})$을 곱하여 식 (8.6)에서 빼고 $x = R_{b1}\theta_1 - R_{b2}\theta_2$인 관계와 감쇠를 고려하면, 스퍼 기어의 1자유도계 운동방정식은 다음과 같이 된다.

$$m_e\ddot{x} + 2\xi_g\sqrt{m_e\overline{k}}\,\dot{x} + k(t)x = W + F(t) \tag{8.8}$$

여기서

$$x = R_{b1}\theta_1 - R_{b2}\theta_2,\ k(t) = \sum_j k_j(t), F(t) = \sum_j k_j(t)e(t),\ \ W = T_1/R_{b1},\ m_e = \frac{J_1 J_2}{J_1 R_{b2}^2 + J_2 R_{b1}^2},$$

$$C = 2\xi_g\sqrt{m_e\overline{k}}$$

2) 다자유도계 모델 (3)

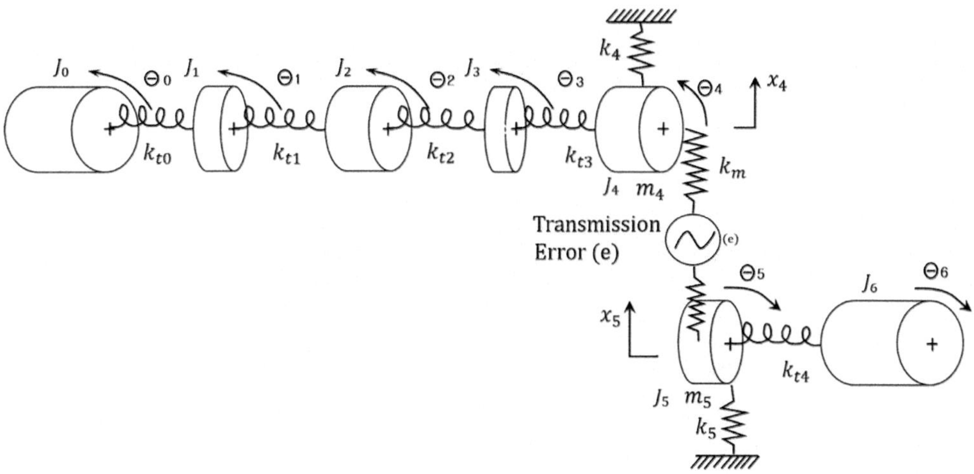

| 그림 8.5 | 기어계의 다자유도계 모델

그림 8.5는 실험장치의 여러 요소를 포함한 다자유도계 모델이다. 이 모델은 브레이크 등 부하부의 질량관성모멘트 J_0, 모터의 질량관성모멘트 J_6, 기어의 질량관성모멘트 J_4, J_5와 기어의 질량 m_4, m_5이고 그 밖의 요소의 질량관성모멘트가 J_1, J_2, J_3이고 비틀림 강성이 k_{t0}, k_{t1}, k_{t2}, k_{t3}, k_{t4}이다. J_4, J_5는 기어의 질량관성모멘트, m_4, m_5는 기어의 질량, k_m은 맞물림 강성, k_4, k_5는 기어 계에서 기어가 위치한 점에서의 베어링 강성 값과 단순 지지된 축의 강성 값이 조합된 등가 강성 값이다. J_0의 각변위 θ_0, J_1의 각변위 θ_1에 대해 운동방정식을 유도하면 식 (8.9)가 유도되고, 마찬가지 방법으로 식 (8.10), (8.11), (8.12)가 유도된다. 정적 전달 오차 e를 계에 작용하는 가진력으로 하고 기어의 질량관성모멘트 J_4, J_5와 기어의 질량 m_4, m_5에 대해 운동방정식을 각각 유도하면 식 (8.13), (8.14), (8.15), (8.16), (8.17)과 같은 운동방정식이 얻어진다.

$$J_0\ddot{\theta}_0 + k_{t0}\theta_0 - k_{t0}\theta_1 = 0 \tag{8.9}$$

$$J_1\ddot{\theta}_1 - k_{t0}\theta_0 + (k_{t0} + k_{t1})\theta_1 - k_{t1}\theta_2 = 0 \tag{8.10}$$

$$J_2\ddot{\theta}_2 - k_{t1}\theta_1 + (k_{t1} + k_{t2})\theta_2 - k_{t2}\theta_3 = 0 \tag{8.11}$$

$$J_3\ddot{\theta}_3 - k_{t2}\theta_2 + (k_{t2} + k_{t3})\theta_3 - k_{t3}\theta_4 = 0 \tag{8.12}$$

$$J_4\ddot{\theta}_4 - k_{t3}\theta_3 + (k_{t3} + k_m r_4^2)\theta_4 - k_m r_4 r_5 \theta_5 + k_m r_4 x_4 - k_m r_4 x_5 = k_m r_4 e \quad (8.13)$$

$$J_5\ddot{\theta}_5 - k_m r_4 r_5 \theta_4 + (k_{t4} + k_m r_5^2)\theta_5 - k_{t4}\theta_5 + k_m r_5 x_4 - k_m r_5 x_5 = -k_m r_5 e \quad (8.14)$$

$$J_6\ddot{\theta}_6 - k_{t4}\theta_5 + k_{t4}\theta_6 = 0 \quad (8.15)$$

$$m_4\ddot{x}_4 + k_m r_4 \theta_4 - k_m r_5 \theta_5 + (k_4 + k_m)x_4 - k_m x_5 = k_m e \quad (8.16)$$

$$m_5\ddot{x}_5 - k_m r_4 \theta_4 + k_m r_5 \theta_5 - k_m x_4 + (k_5 + k_m)x_5 = -k_m e \quad (8.17)$$

연성된 9자유도계의 운동방정식을 모드 벡터로 비연성화하고 이 비연성화된 식들에 비례 감쇠비를 적용한다. 운동방정식의 계산 결과에서 동적 전달 오차 DTE는 식 (8.18)로 정의되어지고, 기어의 정적 맞물림력에 대한 동적 맞물림력의 크기 비 DMF는 식 (8.19)로 정의된다.

$$\mathrm{DTE} = r_5\theta_5 - r_4\theta_4 \quad (8.18)$$

$$\mathrm{DMF} = (r_5\theta_5 + x_5 - r_4\theta_4 - x_4)/e \quad (8.19)$$

8.6 전달 오차의 주파수 영역

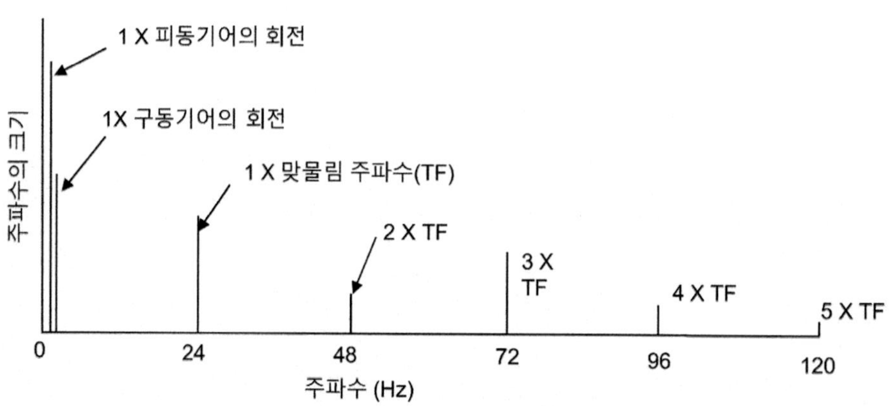

| 그림 8.6 | 이상적인 전달 오차 스펙트럼

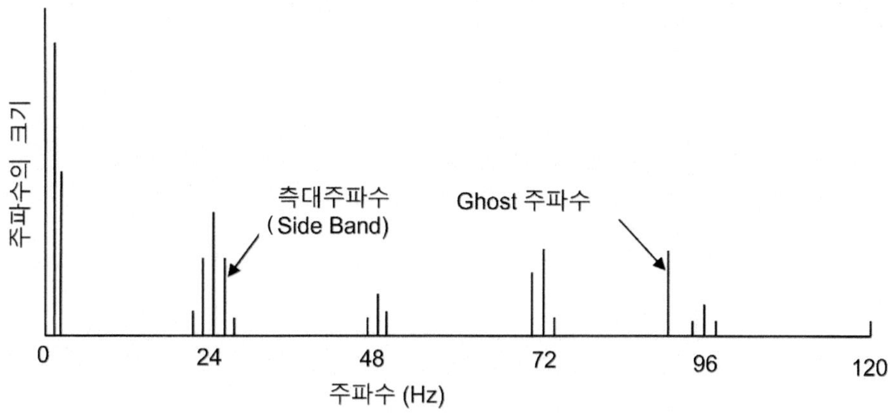

| 그림 8.7 | 측대 주파수와 Ghost 주파수를 가진 전달 오차 스펙트럼

기어는 한 회전당 한 번 편심과 누적 피치 오차에 의해 야기되고 거의 사인파 형태이다. 치의 주파수 오차는 치형 오차와 리드 오차에 의해서 야기되고 거의 사인파 형태이고 맞물림 주파수의 고차 조화 주파수 성분을 갖는다. 이 오차는 주파수 영역에서 그림 8.6과 같이 이상적으로 맞물림 주파수와 그의 조화 주파수에 의해 나타낼 수 있다. 실제에는 측대 주파수와 치면 가공 오차(Ghost error)를 포함하여 그림 8.7과 같이 될 수 있다.

참고문헌

[1] D.R. Houser, R. Singh, 1999, Basic Gear Noise Short Course, Ohio State University.

[2] 박찬일, 1992, 기어계의 하중전달 및 진동 특성에 관한 연구, 박사학위 논문, 서울대학교.

[3] 박찬일, 조도현, 2004, 헬리컬 기어계의 동적 전달오차의 예측, 대한기계학회논문집 A, 28(9), pp.1359-1367.

[4] 박찬일, 조도현, 2002, 축과 베어링 변형을 고려한 헬리컬 기어의 전달오차 해석, 대한기계학회논문집 A, 26(10), pp.2194-2200.

CHAPTER 09

기어와 베어링 강성 해석

기어는 맞물림이 진행됨에 따라 물리는 이의 수가 변하고 그에 따라 강성이 시간에 따라 변한다. 기어의 강성은 하중 해석, 전달 오차 해석, 진동 및 소음 해석에 중요하게 사용된다. 강성은 힘을 변위로 나눈 값이며, 컴플라이언스는 변위를 힘으로 나눈 값이기에 컴플라이언스는 강성의 역수이다. 하중 해석에서는 컴플라이언스가 통상 사용되며, 진동 및 소음에서는 강성을 사용한다.

강성을 해석하는 방법으로 해석적인 방법, 유한요소법, 해석적 방법과 유한요소법을 같이 사용하는 hybrid 법, 근사해석 법 등이 있다. 각각은 각자 장단점이 있어 상황에 맞추어 방법을 선택하며, 치 강성의 연구 동향 논문도 발표되고 있다.[(1)]

스퍼 기어는 선접촉이고 맞물리는 치가 변함에 따라 강성의 변화가 크다. 이에 반해 헬리컬 기어는 점접촉에서 시작하여 접촉선이 증가하다 감소하여 다시 점접촉으로 맞물리는 특성이 있기에 강성의 변화가 완만하다. 스퍼 기어는 주로 볼 베어링이나 롤러 베어링과 같이 구름 베어링으로 지지되고, 헬리컬 기어는 축방향 하중을 받을 수 있는 앵귤러 컨택 볼베어링 또는 테이퍼 롤러 베어링으로 지지된다. 구름 베어링이 회전함에 따라 부하를 받는 전동체 수가 변하고, 기어 강성과 같이 베어링 강성이 시간에 따라 변하는 시변(time-varying) 특성을 갖는다. 기어와 베어링의 시변 강성 특성은 기어의 운동방정식에서 매개 가진(Parametric excitation)으로 작용하므로 기어계 진동에의 영향을 미친다. 이 장에서는 스퍼 기어와 헬리컬 기어의 다른 강성 특성에 따른 강성 해석 방법 및 구름 베어링의 강성 해석 방법을 소개한다.

9.1 스퍼 기어의 강성 해석

스퍼 기어의 강성 해석은 치 요소를 나누어 변형을 계산하여 컴플라이언스를 구하는 방법과 탄성에너지에 의한 적분법을 소개한다.

9.1.1 치 요소의 컴플라이언스 (2)

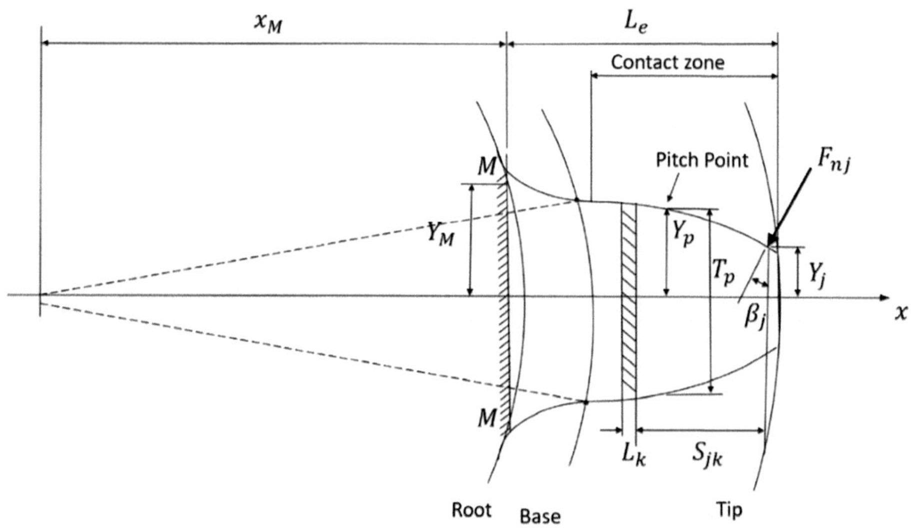

| 그림 9.1 | 강성 계산을 위한 스퍼 기어 치 모델링

치의 강성과 그의 역수인 컴플라이언스는 맞물리는 한 주기 동안에 이론적으로 접촉하는 점에 대하여 각각 계산되고, 변위는 치형에 수직한 방향에서 계산된다. 이 계산에서는 맞물리는 한 쌍의 기어의 전체 컴플라이언스가 3가지 요소에 의해 영향을 받는다고 가정한다.

① 굽힘과 전단에 의한 외팔보 변형

② 지지되는 부분의 유연성으로 인한 치의 강체 회전

③ 접촉으로 인한 변형

기어의 치는 그림 9.1과 같이 L_e의 유효 길이를 가진 치수가 균일하지 않은 외팔보로 가정하고, 접촉 구간에서 치를 사각형 단면의 연속된 횡단 요소들로 나누고 각 부분의 두께는 L_k로 표시한다. 이 요소들의 변형을 합하여 치 강성과 컴플라이언스를 계산한다. 여기에서

각 부분의 세로 방향의 양끝 좌표는 치형 좌표에서 계산된 값을 사용하고 또한 각 부분에서의 높이, 단면적, 단면 2차 모멘트는 윗 단면과 아래 단면에서 계산된 값들의 평균을 사용한다. 치의 전체 변형은 각 부분의 변형의 합으로 구하고 각 부분의 변형은 각 부분의 왼쪽면을 고정단으로 하고 오른쪽 면에 인접한 치의 나머지를 강체 돌출부로 하는 보로 가정하여 계산한다. 치에 가해진 하중을 힘과 모멘트의 등가계로 환산하여 외팔보에 가하면 하중점에서의 굽힘에 의한 변형은 다음 식으로 주어진다.

$$(D_j)_a = \frac{F_{nj}}{E_e \bar{I}_k}\Big[\frac{\cos^2\beta_j}{3}\sum_k L_k(L_k^2 + 3S_{jk}L_k + S_{jk}^2) - \cos\beta_j \sin\beta_j Y_j \sum_k L_k(L_k + 2S_{jk}) + \sin^2\beta_j Y_j^2 \sum_k L_k\Big] \tag{9.1}$$

여기서 E_e는 치의 크기에 따라 그 값이 변하는 유효 탄성 계수이며 치폭이 b일 때, 넓은 치인 $R = b/tp > 5$인 경우 평면 변형(plane Strain)이론을 적용하여 $E_e = E/(1-\nu^2)$로 사용하고 $R > 5$인 좁은 치인 경우에는 평면 응력(plane Stress) 이론을 적용하여 $E_e = E$를 사용한다.[(3)]

기어에서 전단 변형은 전체 하중의 횡방향 성분, 즉 $F_{nj}\cos\beta_j$에 의해 발생한다. 이 변형은 횡 단면을 회전시키지 않고 중심선만을 이동시키는 역할을 한다. 그때 하중점에서의 변형은 각 부분 변형의 합이 되고 다음 거리만큼 중심선을 이동시킨다.

$$(D_j)_b = \sum_k \frac{1.2F_{nj}L_k\cos^2(\beta_j)}{G \cdot \overline{A_k}} \tag{9.2}$$

지금까지 외팔보 이론을 적용하여 치 변형을 계산할 때 치는 강체로 된 기초위에 고정되어 있다고 가정하였다. 그러나 필렛 기하학과 치를 지지하는 부위의 유연성 때문에 강체로 가정된 치가 지기 부위에서 회전하는 양만큼 변형이 더해진다. 이러한 치의 회전을 일으키는 모멘트는 $F_{nj}\cos\beta_j Y_j$와 이 회전의 반대 방향으로의 $F_{nj}\sin\beta_j Y_j$ 이다. 여기서 S_j는 하중점에서부터 치의 지지부위까지의 거리이다. 이 모멘트에 의해서 치의 지지 부위에서 치의 회전에 의한 변형이 다음과 같이 구해진다.

$$(D_j)_c = 1.327\ F_{nj}(\cos\beta_j \cdot S_j - \sin\beta_j \cdot Y_j)^2/(E_e Y_M^2 b) \tag{9.3}$$

이외에도 치 지지부 변형은 여러 가지가 제시되고 있다. Cornell[(3)]은 평면 변형율과 평면응력조건에서 치지지부 컴플라이언스를 제안하였고, Sainsot[(4)]은 치지지부 변형을 제안하였으며 그 식은 다음 절에 기술한다.

앞에서 구한 변형식을 이용하여 j번째의 계산점에서 외팔보에 의한 치의 컴플라이언스는 $Q_j = D_j/F_{nj}$로 정의되므로 전체 컴플라이언스는 다음 식에 의해 나타내어지며 이 식을 이용하여 맞물리는 치의 각각의 컴플라이언스를 독립적으로 구할 수 있다.

$$(Q_j)_{abc} = (Q_j)_a + (Q_j)_b + (Q_j)_c \tag{9.4}$$

접촉부의 접촉 컴플라이언스는 두 실린더가 접촉한다고 가정한 반 경험식에 의해 다음과 같이 구해진다.

$$(Q_j)_h = 1.37/\left(E_{e12}{}^{0.9}\, b_{12}{}^{0.8}\, F_n{}^{0.1}\right) \tag{9.5}$$

여기서 F_n은 전체의 수직 하중이고 b_{12}는 유효 치폭이다. E_{e12}는 유효 탄성 계수이며 다음 식으로 주어진다.

$$E_{e12} = (2E_{e1} \cdot E_{e2})/(E_{e1} + E_{e2}) \tag{9.6}$$

맞물리는 기어 쌍의 전체 컴플라이언스는 위의 모든 컴플라이언스를 더함으로써 계산되며 그 결과는 다음과 같다.

$$Q_{j12} = (Q_{j1})_{abc} + (Q_{j2})_{abc} + (Q)_h \tag{9.7}$$

강성으로 구하고자 할 때는 강성의 관계식은 $k_j = F_{nj}/D_j$이므로 $k_j = 1/Q_{j12}$가 된다.

9.1.2 적분법[5]

스퍼 기어의 강성을 탄성에너지에 의해 적분으로 구하는 방법을 소개한다. 이를 위해 기어의 하중 F가 가해질 때 굽힘 강성 k_b, 축방향 압축 강성 k_a, 전단 강성 k_s, Hertz 접촉 강성 k_h, 필렛부 강성 k_f는 다음과 같이 각각 굽힘에너지 U_b, 축방향 압축에너지 U_b, 전단에너지 U_s, Hertz 접촉에너지 U_h, 필렛부에너지 U_f를 발생시킨다.

$$U_h = \frac{F^2}{2k_h},\ U_f = \frac{F^2}{2k_f},\ U_b = \frac{F^2}{2k_b},\ U_s = \frac{F^2}{2k_s},\ U_a = \frac{F^2}{2k_a} \tag{9.8}$$

그림 9.2에서 BC 구간은 인벌류트 곡선이고 CD 구간은 필렛부 곡선이며, 하중 F가 작용하는 하중점의 각은 β가 된다. R_c는 인벌류트 시작점 반경이며, $R_c = \sqrt{(R_b\tan\alpha - h_a m/\sin\alpha)^2 + R_b^2}$

로 주어진다. 여기서 α는 공구압력각, R_b는 기초원 반경, 표준기어는 $h_a = 1$으로 된다. 각각의 탄성에너지를 적분으로 표시하면 다음과 같이 된다.

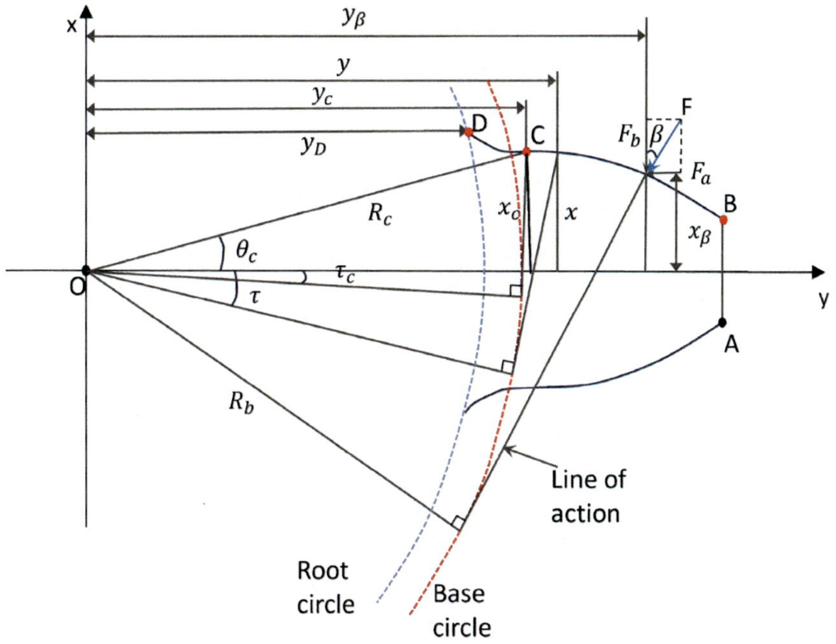

| 그림 9.2 | 치형의 모델

(1) 굽힘에 의한 탄성에너지는 $U_b = \dfrac{F^2}{2k_b} = \displaystyle\int_{y_D}^{y_\beta} \dfrac{M^2}{2EI_y} dy$이다.

이를 인벌류트 부와 필렛 부로 나누어서 표현하면

$$U_b = \frac{F^2}{2k_b} = \int_{y_D}^{y_C} \frac{M_1^2}{2EI_{y1}} dy_1 + \int_{y_C}^{y_\beta} \frac{M_2^2}{2EI_{y2}} dy_2 \tag{9.9}$$

$M_1 = F_b(y_\beta - y_1) - F_a x_\beta$, $M_2 = F_b(y_\beta - y_2) - F_a x_\beta$ 이고, $F_a = F\sin\beta$, $F_b = F\cos\beta$이므로 $M_1 = F\cos\beta(y_\beta - y_1) - F\sin\beta x_\beta$, $M_2 = F\cos\beta(y_\beta - y_2) - F\sin\beta x_\beta$을 대입하면 굽힘강성의 관계가 다음으로 얻어진다.

$$\frac{1}{k_b} = \int_{y_D}^{y_C} \frac{[\cos\beta(y_\beta - y_1) - x_\beta \sin\beta]^2}{EI_{y1}} dy_1 + \int_{y_C}^{y_\beta} \frac{[\cos\beta(y_\beta - y_2) - x_\beta \sin\beta]^2}{EI_{y2}} dy_2 \tag{9.10}$$

(2) 전단 탄성에너지는 $U_s = \dfrac{F^2}{2k_s} = \displaystyle\int_{y_D}^{y_\beta} \frac{1.2F_b^2}{2GA_y} dy$ 이다.

이를 인벌류트 부와 필렛 부로 나누어서 표현하면

$$U_s = \frac{F^2}{2k_s} = \int_{y_D}^{y_C} \frac{1.2F_b^2}{2GA_{y1}} dy_1 + \int_{y_C}^{y_\beta} \frac{1.2F_b^2}{2GA_{y2}} dy_2 \tag{9.11}$$

이를 $F_b = F\cos\beta$을 대입하면, 전단 강성의 관계가 얻어진다.

$$\frac{1}{k_s} = \int_{y_D}^{y_C} \frac{1.2\cos^2\beta}{GA_{y1}} dy_1 + \int_{y_C}^{y_\beta} \frac{1.2\cos^2\beta}{GA_{y2}} dy_2 \tag{9.12}$$

(3) 압축 탄성에너지는 $U_a = \dfrac{F^2}{2k_a} = \displaystyle\int_{y_D}^{y_\beta} \frac{F_a^2}{2EA_y} dy$이다.

이를 인벌류트 부와 필렛 부로 나누어서 표현하면

$$U_a = \frac{F^2}{2k_a} = \int_{y_D}^{y_C} \frac{F_a^2}{2EA_{y1}} dy_1 + \int_{y_C}^{y_\beta} \frac{F_a^2}{2EA_{y2}} dy_2 \tag{9.13}$$

이를 $F_a = F\sin\beta$을 대입하면, 압축강성의 관계가 얻어진다.

$$\frac{1}{k_a} = \int_{y_D}^{y_C} \frac{\sin^2\beta}{EA_{y1}} dy_1 + \int_{y_C}^{y_\beta} \frac{\sin^2\beta}{EA_{y2}} dy_2 \tag{9.14}$$

여기서, $A_{y1} = 2x_1 b$, $A_{y2} = 2x_2 b$, $I_{y1} = \dfrac{2}{3}x_1^3 b$, $I_{y2} = \dfrac{2}{3}x_2^3 b$

(4) Hertz 접촉에너지는 $U_h = \dfrac{F^2}{2k_h}$이다.

Hertz 접촉강성은 다음으로 주어진다.

$$k_h = \frac{\pi E b}{4(1-\nu^2)} \tag{9.15}$$

여기서, 영률 E, 푸아송 비 ν, 치폭 b

(5) 필렛 지지부에너지 $U_f = \dfrac{F^2}{2k_f}$이다.

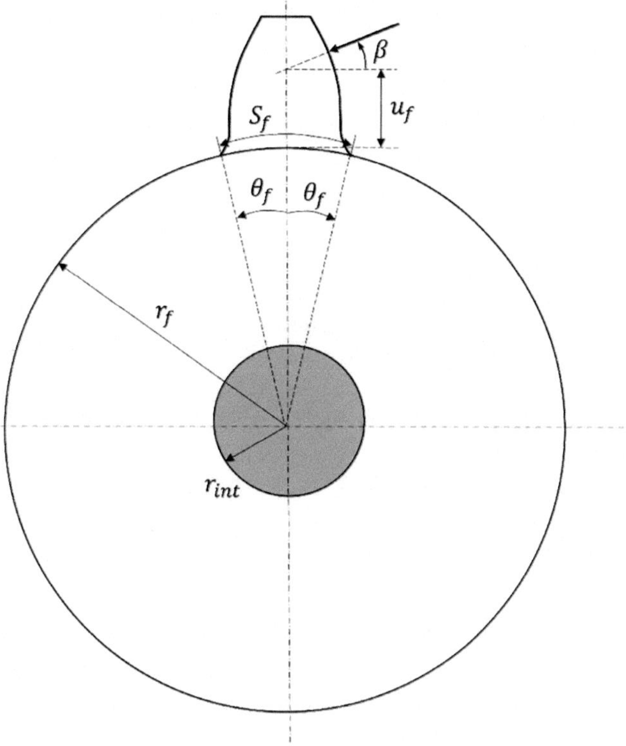

| 그림 9.3 | 치 지지부 변형을 위한 파라미터

필렛 지지부 변형은 식 (9.16a), 강성은 식 (9.16b)로 얻어진다.

$$\delta_f = \frac{F\cos^2\beta}{EL}\left\{L^*\left(\frac{u_f}{S_f}\right)^2 + M^*\left(\frac{u_f}{S_f}\right) + P^*\left(1 + Q^*\tan^2\beta\right)\right\} \tag{9.16a}$$

$$\frac{1}{k_f} = \frac{\cos^2\beta}{EL}\left\{L^*\left(\frac{u_f}{S_f}\right)^2 + M^*\left(\frac{u_f}{S_f}\right) + P^*\left(1 + Q^*\tan^2\beta\right)\right\} \tag{9.16b}$$

여기서, β는 하중각, u_f는 이뿌리 높이로 이뿌리부터 하중점까지 치중심을 따라서의 거리. S_f는 이 뿌리 두께로 그림 9.3을 참조한다.

또한 L^*, M^*, P^*, Q^*는 대표함수 X_i^*에 의해 다음 관계에 의해 얻어진다.

$$X_i^*(h_{fi}, \theta_f) = A_i/\theta_f^2 + B_i h_{fi}^2 + C_i h_{fi}/\theta_f + D_i/\theta_f + E_i h_{fi} + F_i \tag{9.17}$$

여기서 $h_{fi} = r_f/r_{int}$, r_{int}는 축구멍 반경, θ_f는 그림과 같이 치 중심과 이 뿌리 연결점까지

의 각도이며 각 계수는 표 9.1로 주어진다.

[표 9.1] 필렛 지지부 강성의 계수

	$A_i \times 10^{-5}$	$B_i \times 10^{-3}$	$C_i \times 10^{-4}$	$D_i \times 10^{-3}$	E_i	F_i
$L_i^*(h_{fi}, \theta_f)$	−5.574	−1.9986	−2.3015	4.7702	0.0271	6.8045
$M_i^*(h_{fi}, \theta_f)$	60.111	28.100	−83.431	−9.9256	0.1624	0.9086
$P_i^*(h_{fi}, \theta_f)$	−50.952	185.50	0.0538	53.300	0.2895	0.9236
$Q_i^*(h_{fi}, \theta_f)$	−6.2042	9.0889	−4.0964	7.8297	−0.1472	0.6904

위의 모든 에너지를 합한 기어의 탄성에너지는 다음과 같다.

$$U = U_h + U_{f1} + U_{b1} + U_{s1} + U_{a1} + U_{f2} + U_{b2} + U_{s2} + U_{a2} \tag{9.18}$$

여기서 첨자 1은 구동 기어, 2는 피동 기어

각 치의 합성 강성 k_e이면 치의 전체 탄성에너지는 $\frac{F^2}{2k_e}$로 되고, 모든 탄성에너지를 대입하면 다음 관계가 얻어진다.

$$\frac{F^2}{2k_e} = \frac{F^2}{2}\left(\frac{1}{k_h} + \frac{1}{k_{f1}} + \frac{1}{k_{b1}} + \frac{1}{k_{s1}} + \frac{1}{k_{a1}} + \frac{1}{k_{f2}} + \frac{1}{k_{b2}} + \frac{1}{k_{s2}} + \frac{1}{k_{a2}}\right) \tag{9.19}$$

이 관계에서 맞물리는 각 치의 강성은 다음으로 된다.

$$k_e = \frac{1}{\frac{1}{k_h} + \frac{1}{k_{f1}} + \frac{1}{k_{b1}} + \frac{1}{k_{s1}} + \frac{1}{k_{a1}} + \frac{1}{k_{f2}} + \frac{1}{k_{b2}} + \frac{1}{k_{s2}} + \frac{1}{k_{a2}}} \tag{9.20}$$

동시에 맞물리는 기어 쌍이 1개 혹은 2개라면, 치의 강성을 모두 합하여 맞물리는 치의 강성은 다음으로 주어진다.

$$k_g = \sum_{i=1}^{j} k_{ei},\ (j-1,\ 2) \tag{9.21}$$

9.2 헬리컬 기어의 강성 해석

헬리컬 기어는 치면에 기울어진 접촉선을 갖고 각 접촉선의 길이가 물림이 진행함에 따라 변한다. 또한 각 접촉선에 따라서도 치의 강성이 다르다. 그러므로 헬리컬 기어의 전달 오차 해석과 진동해석을 위해서는 먼저 치의 강성의 해석이 필요하다. 치의 강성에 미치는 변형은 크게 굽힘에 의한 변형과 접촉에 의한 변형으로 나눌 수 있다. 이에 대한 영향함수를 구하여 치의 하중변형 관계식을 사용하여 치의 강성을 계산한다.

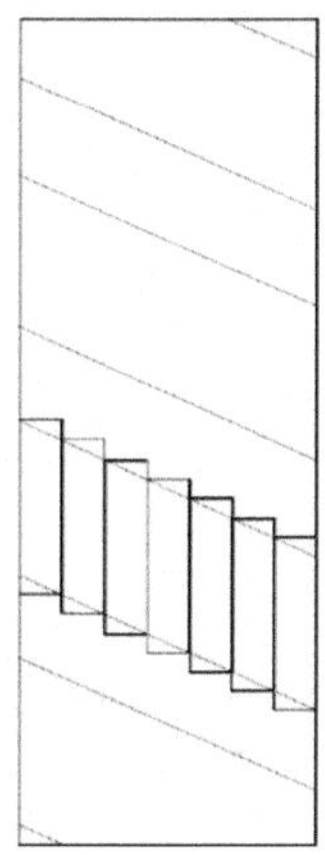

| 그림 9.4 | 헬리컬 기어의 구분 모델

치의 강성을 계산하는 방법은 ① 그림 9.4와 같이 스퍼 기어의 강성을 계산하여 비틀림각에 따라 치폭방향으로 나누어서 계산하는 방법, ② 유한요소법으로 계산하는 방법, ③ 유한요소법을 쓰되 유한요소해석의 결과를 근사식으로 만들어서 계산하는 방법 ④ 치를 플레이트로 근사해서 강성을 계산하는 방법 등 여러 가지가 있다. 각각의 방법은 결과의 정확성, 강성 계산 시간에 차이가 있으므로 상황에 맞게 선택하여 계산한다. 여기에서는 강성 해석 시간은 걸리지만 일단 근사식을 만들면 강성 계산의 시간은 빨리할 수 있는 유한요소 해석의 결과를 근사식을 만들어서 강성을 계산하는 방법을 기술한다.

9.2.1 굽힘영향함수의 근사식 (6)

$(x,\, y)$는 측정점의 좌표, (ξ, η)는 하중점의 좌표라 할 때, 기어의 치면에 집중하중 P가 작용하면 굽힘영향함수 K_b는 다음과 같이 정의한다.

$$W_b(x,y,\zeta,\eta) = K_b(x,y,\zeta,\eta)\frac{P}{m_n} \tag{9.22}$$

이 굽힘영향함수는 변형의 공통특성에 의해 나타낼 수 있으므로 각 방향의 공통 특성을 유한요소해석으로 구한다. 이를 위해 헬리컬 기어의 표준 기어 제원과 기어 커터 사양을 사용하여 인벌류트 치형 좌표와 필렛부 치형 좌표를 계산한다. 사용된 유한 요소모델은 치직각 압력각 20°, 치폭(2b)의 치높이(H)에 대한 비율은 통상 범위인 1,2,3,4 범위로 하고, 각각의 치의 모델과 기어 중심 방향으로 2H, 양쪽 치저부에서 원주 방향으로 각각 2H씩 모델링하여 치 지지부의 변형을 고려하여 유한요소 해석을 수행한다.

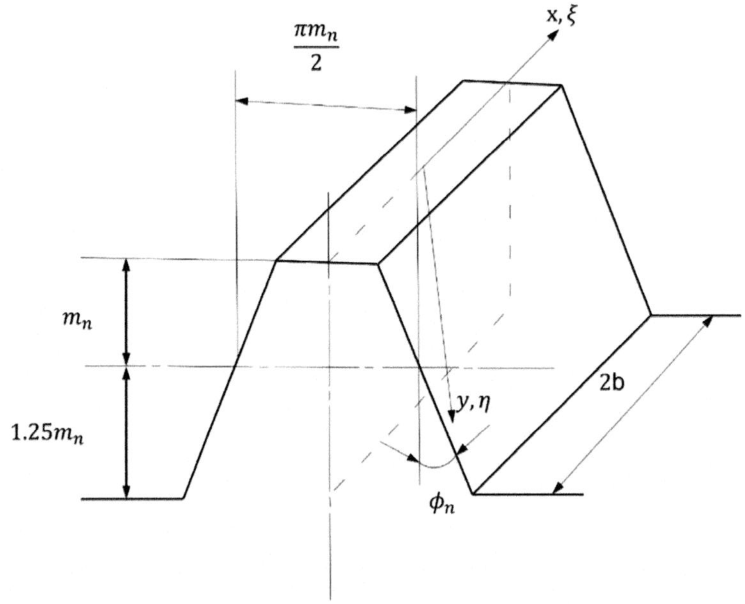

| 그림 9.5 | 헬리컬 기어 변형 해석 모델

요소는 파라볼릭 솔리드 요소(parabolic solid element)를 사용하였고, 재질은 강으로 하고, 구속조건으로 치 형상으로부터 2H 떨어진 치 옆부분과 치 밑부분을 x, y, z 병진 방향으로 모두 구속하였다. 하중조건으로는 집중 하중을 치의 중립면에 수직하게 가하고 중립면에서 변형을 측정하였다.

유한요소해석으로 변형의 절대값, 공통함수, 높이 방향으로의 공통성질, 폭 방향으로의 공통성질을 다음과 같이 구한다.

1) 변형의 절대값

집중 하중이 원점에 가해졌을 때 원점에서의 변위를 나타내는 U를 다음과 같이 계산한다.

$$U = \frac{W_b(0,0,0,0)}{P/m_n} \tag{9.23}$$

2) 공통함수 $v(r)$

하중이 원점에 가해졌을 때 유한요소해석에서 구한 일반적인 변형 형태에서 $\overline{x'} = \lambda \overline{x}$의 좌표 변환을 하면 변형의 등고선은 원점을 중심으로 한 동심원으로 될 수 있다. 이러한 변형의 공통함수는 다음 식으로 구할 수 있다.

$$v(\overline{x},\overline{y}) = v(\overline{r}) = K_b(\overline{x},\overline{y},0,0)/U, \quad \overline{\mathrm{r}} = \sqrt{\overline{\mathrm{x}'}^2 + \overline{\mathrm{y}}^2} \tag{9.24}$$

3) 높이 방향으로의 공통 성질

모든 $\overline{x} = \overline{\xi_i}$ 축에 대해 하중을 가하는 점에서의 변형함수 G를 다음과 같이 정의한다.

$$G(\overline{\eta}) = K_b(\overline{\xi_i},\overline{\eta},\overline{\xi_i},\overline{\eta})/K_b(\overline{\xi_i},0,\overline{\xi_i},0) \tag{9.25}$$

4) 폭 방향으로의 공통 성질

x축상에서, 하중을 가하는 점에서의 변형함수 F를 다음과 같이 정의한다.

$$F(\overline{\xi}) = K_b(\overline{\xi},0,\overline{\xi},0)/U \tag{9.26}$$

이 식에서 $2b/H = 4$ 일때의 U값을 사용하고 원점을 랙의 치폭 끝점으로 이동시키면 식 (9.26)은 다음과 같이 나타낼 수 있다.

$$F(\hat{\xi}) = \frac{K_b(\hat{\xi},0,\hat{\xi},0)}{U(2b/H = 4)} \tag{9.27}$$

여기서 $\hat{\xi}$은 치폭 끝점으로부터의 거리

만일 $2b/H$값이 4보다 작으면 실제의 $2b/H$값에 대한 보정된 $F(\hat{\xi})$값은 다음과 같이 구할 수 있다.

$$F(\hat{\xi}) = \frac{F(\hat{\xi})}{F(b/H)} \text{ if } 2b/H < 4 \tag{9.28}$$

$2b/H$값이 4보다 클 경우는 $F(\hat{\xi}) = F(2)$가 되는 영역이 랙의 중심 부근에 연장된다.

이상의 변형의 공통 성질을 사용하여 굽힘 영향함수의 근사식을 다음과 같이 나타낸다.[7]

$$K_b(\bar{x}, \bar{y}, \bar{\xi}, \bar{\eta}) = U\frac{v(\bar{r})}{f(|\bar{x} - \bar{\xi}|)g(|\bar{y} - \bar{\eta}|)} f(\bar{x})f(\bar{\xi})g(\bar{y})g(\bar{\eta}) \tag{9.29}$$

여기서 $g(\bar{y}) = \sqrt{G(\bar{y})}$, $\mathrm{g}(\bar{\eta}) = \sqrt{\mathrm{G}(\bar{\eta})}$, $f(\bar{x}) = \sqrt{F(\bar{x})}$, $f(\bar{\xi}) = \sqrt{F(\bar{\xi})}$,

$\bar{r}^2 = (\bar{x}' - \bar{\xi}')^2 + (\bar{y} - \bar{\eta})^2$

이 근사식은 $K_b(\xi_1, \eta_1, \xi_2, \eta_2) = K_b(\xi_2, \eta_2, \xi_1, \eta_1)$의 관계가 성립하므로 상반 정리를 만족시킨다.

9.2.2 접촉영향함수[6]

접촉변형은 진동 및 전달오차 해석에서 치의 강성을 좌우한다. 접촉변형에 대한 많은 연구가 있으나 대부분 Hertz 이론의 변종이다. 여기에서는 기존의 연구에서 많이 쓰이는 Weber의 접촉변형식[8]을 소개하고자 하며, Weber 또한 Hertz 이론에 근거하였다. Weber 식의 특별한 점은 치의 제한된 두께가 고려된다는 사실이며 하중 P가 작용할 때 다음의 식으로 주어진다.

$$v_H = \frac{2P}{\pi L}\left[\frac{1-\nu_1^2}{E_1}\left\{\ln\frac{2h_1}{a_H} - \frac{\nu_1}{2(1-\nu_2)}\right\} + \frac{1-v_2^2}{E_2}\left\{\ln\frac{2h_2}{a_H} - \frac{\nu_2}{2(1-\nu_2)}\right\}\right] \tag{9.30a}$$

$$a_H = \sqrt{\frac{4P}{\pi L}\left[\frac{1-\nu_1^2}{E_1} + \frac{1-\nu_2^2}{E_2}\right]\frac{\rho_1\rho_2}{\rho_1+\rho_2}} \tag{9.30b}$$

여기서 L은 접촉선의 길이

이 변위와 접촉폭은 모두 하중을 포함하는 비선형이므로 접촉하고 있는 기어 치의 변형은 모두 일정하다는 가정 하에 v_o가 주어지고 반복법을 이용하여 접촉선을 따라 접촉변형에 의한 치면의 하중분포 $P(\xi)$가 구해지고 이것에 의해 접촉영향함수가 다음과 같이 구해진다.

$$K_c(\xi) = v_0 / P(\xi) \tag{9.31}$$

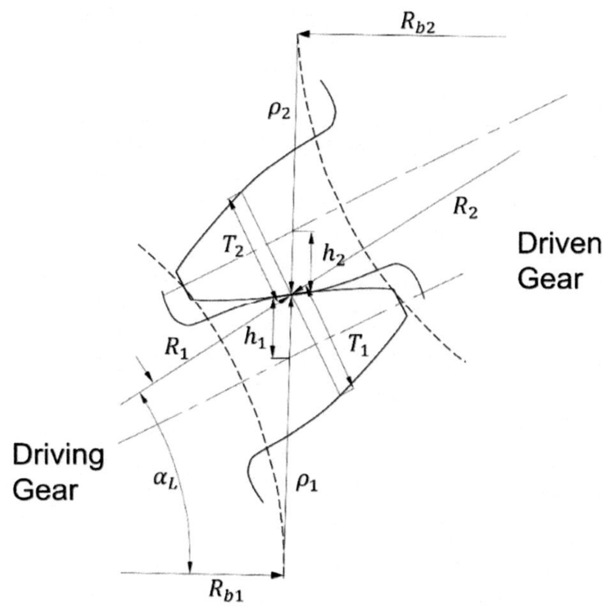

| 그림 9.6 | 접촉변형의 기호

9.3 구름 베어링의 강성 해석

9.3.1 베어링 지배방정식

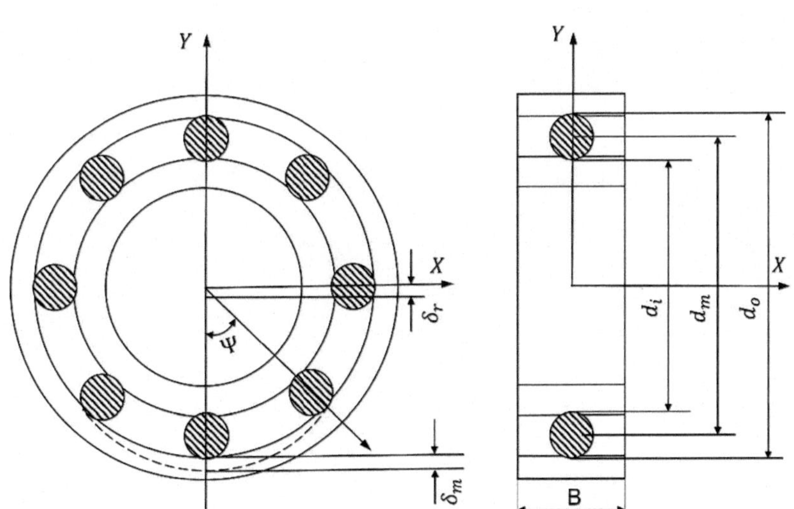

(a) 볼 베어링

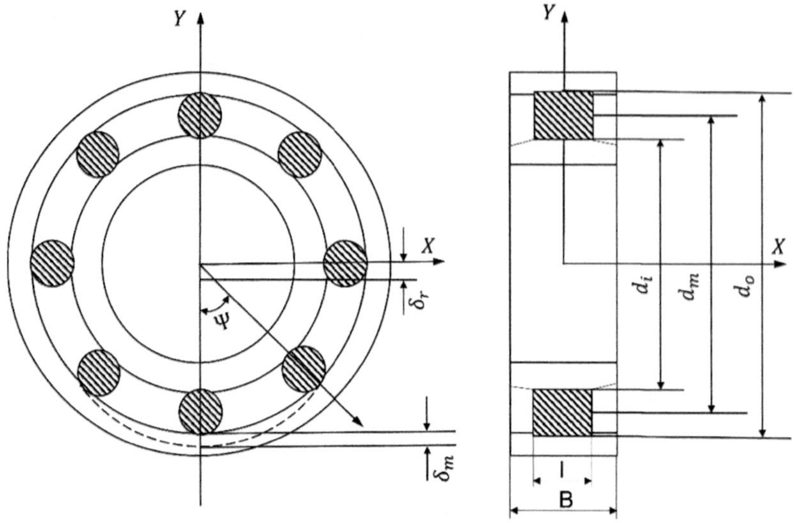

(b) 롤러 베어링

| 그림 9.7 | 구름 베어링 모델

구름 베어링의 전동체와 내외륜 접촉에 의한 하중 변위는 다음 비선형 관계식으로 주어진다.

$$F_b = K_n \delta^n \tag{9.32}$$

여기서 볼 베어링은 $n = 3/2$, 원통롤러 베어링은 $n = 10/9$이다. K_n은 전동체와 내륜과 외륜과의 변위의 합에 의해 다음 식으로 주어진다.[9,10]

$$K_n = \left[\frac{1}{(1/K_i)^{1/n} + (1/K_o)^{1/n}} \right]^n \tag{9.33}$$

여기서 볼 베어링의 내륜과 외륜의 강성 K_i, K_o는 다음 식으로 구해진다.

$$K_i = \frac{E}{1.55^{3/2}} \left(\frac{d_i d_b}{d_i + d_b} \right)^{1/2}, \tag{9.34a}$$

$$K_o = \frac{E}{1.55^{3/2}} \left(\frac{d_o d_b}{d_o - d_b} \right)^{1/2}. \tag{9.34b}$$

원통 롤러 베어링의 강성은 다음 식으로 주어지고 내외륜 강성은 같다고 하여 K_n이 구해진다.[9,11]

$$k_l = 7.86 \times 10^4 l^{8/9}, \tag{9.35a}$$

$$K_n = (0.5)^n k_l. \tag{9.35b}$$

반경방향 하중에 의한 강체 지지된 구름 베어링의 그림 9.7(a)의 각도 ψ에 위치한 전동체의 변위는 반경방향 변위 δ_r과 반경방향 틈새 b_b에 의해 다음 식으로 주어진다.

$$\delta = \delta_r \cos\psi - b_b \tag{9.36}$$

여기서 베어링의 반경방향 틈새는 내륜, 외륜, 전동체의 관계에 의해 다음 식으로 계산된다. (9,10)

$$b_b = (d_o - d_i - 2d_b)/2 \tag{9.37}$$

이 식은 볼 베어링, 앵귤러 볼 베어링, 원통 롤러 베어링에 적용된다. 일반적으로 테이퍼 롤러 베어링은 틈새 없이 선접촉이 무부하에서 이루어지도록 한다. 식 (9.36)은 임의의 구름요소의 반경방향 변형은 최대 변형 δ_m과 하중분포계수 ϵ를 사용하여 다음 식으로 변형된다. (9-11)

$$\delta = \delta_m [1 - \frac{1}{2\epsilon}(1 - \cos\psi)] \tag{9.38}$$

$$\epsilon = \frac{1}{2}(1 - \frac{b_b}{\delta_r}) \tag{9.39}$$

또한 하중을 받는 각 범위는 다음 식으로 결정된다.

$$\psi_l = \cos^{-1}(\frac{b_b}{\delta_r}) \tag{9.40}$$

이 하중을 받는 범위 안에 있는 전동체들을 힘의 합은 베어링 외력과 같게 되어 다음 식으로 주어진다.

$$F_b = \sum_{j=1}^{H} F_{bj} \cos\psi_j \tag{9.41}$$

전동체의 하중분포는 틈새가 없을 때는 그림 9.7에서 -90°에서 90°까지 하중이 받고 있다고 가정할 수 있고, 틈새가 있으면 접촉하는 전동체의 틈새를 가진 구름 베어링에 대해, 준정적 하중 조건에서 각도 ψ_j에 위치한 전동체의 반경방향 변위 δ_r과 반경방향 틈새 b_b에 대한 반경방향 하중 $F_b(\delta_r)$은 다음과 같이 정의된다.

$$F_b(\delta_r) = K_n \sum_{j=1}^{H} (\delta_r \cos\psi_j - b_b)^n \cos\psi_j \tag{9.42}$$

구름 베어링의 강성은 식 (9.42)를 반경방향 변위 δ_r로 미분하여 다음 식으로 주어진다.

$$k_b = nK_n \sum_{j=1}^{H} (\delta_r \cos\psi_j - b_b)^{n-1} \cos^2\psi_j \tag{9.43}$$

베어링의 강성 계산은 Newton-Raphson 등의 수치 해석 기법이 사용되며, 그 절차는 초기 반경 방향 변위 δ_r을 가정하여 하중을 받는 전동체 수가 결정되고, 베어링에 작용하는 외력 F_b와 수렴 여부를 통하여 최종 변위 δ_r을 구한다. 이 최종 변위에 의해 베어링의 강성이 계산된다.

참고문헌

[1] Marafona, J. D.M., Marques, P.M.T., Martins, R.C., Seabra, J.H.O., 2021, Mesh stiffness models for cylindrical gears: A detailed review, Mechanism and Machine Theory, 166, 104472.

[2] 박찬일, 1992, 기어계의 하중전달 및 진동 특성에 관한 연구, 박사학위 논문, 서울대학교.

[3] Cornell, R.W., 1981, "Compliance and Stress Sensitivity of Spur Gear Teeth, ASME Journal of Mechanical Design, 103, pp.447-459.

[4] Sainsot, P., Velex, P., Duverger, O., 2004. Contribution of gear body to tooth deflections-a new bidimensional analytical formula, ASME J. Mec. Des. 126, pp.748-752.

[5] Hui Ma, Rongze Song, Xu Pang, Bangchun Wen, 2014, Time-varying mesh stiffness calculation of cracked spur gears, Engineering Failure Analysis, 44, pp.179-194.

[6] 박찬일, 김대식, 엘리베이터용 헬리컬 기어의 전달오차 해석, 대한기계학회 논문집 A, 26(12), pp.2695-2702.

[7] Umezawa, K., 1972, The Meshing Test on Helical Gears under Load Transmission (1st Report, The Approximate Formula for Deflections of Gear Tooth), Bulletin of the JSME, 15(90), pp.1632-1639.

[8] Weber, C.,1949, The deformations of loaded gears and the effects on their load-carrying capacity, Sponsored research(Germany), British Dept. of Scientific and Industrial Research, Report No.3.

[9] Harris, T. A., 2001, Rolling Bearing Analysis, 4th ed. John Wiley & Sons, New York.

[10] 박찬일, 2016, 볼 베어링의 강성과 스퍼기어 계의 모드 특성, 대한기계학회 논문집 A, 40(5), pp.489-495.

[11] 박찬일, 2018, 스퍼 기어계의 진동해석에서 구름 베어링의 강성효과, 대한기계학회 논문집 A, 42(5), pp.461-469.

CHAPTER 10

진동 해석

이 장에서는 기어의 진동을 해석하기 위해 기어의 진동의 주요 요인을 살펴보고, 기어 진동 소음의 주요 주파수와 진동 해석의 모델에 대해 기술한다.

10.1 기어 진동소음의 주요 주파수와 원인

기어의 진동과 소음의 주요 주파수는 맞물림 주파수와 그의 하모닉 성분에서 큰 피크가 발생하고, 편심이 클 때는 측대 주파수(sideband)도 커진다. 기어의 구동 기어 잇수 30, 피동 기어 잇수 50이고, 구동 회전수가 1,800 rpm이면, 피동 회전수는 $N_2 = N_1 \dfrac{Z_1}{Z_2}$ 관계에서 1,080 rpm이 된다. 그림 10.1은 표시된 기어 제원에서 주요 주파수에서의 피크를 보인다. 맞물림 주파수는 입력 축주파수 f_{s1}는 30 Hz가 되고 맞물림 주파수는 f_m은 축주파수에 구동 기어 잇수를 곱한 $f_{s1}Z_1$에서 900 Hz가 된다. 맞물림 주파수의 조화 주파수(harmonic) 성분인 2배, 3배, 4배 등 맞물림 주파수의 배수 성분에서인 1,800 Hz, 2,700 Hz, 3,600 Hz 등에서 피크가 일어난다. 측대 주파수는 맞물림 주파수와 그 조화 주파수 성분에서 입력축 주파수와 피동측 주파수를 더하거나 뺀 성분에서 발생한다. 즉, $f_m \pm nf_{s1}$, $f_m \pm nf_{s2}$, $2f_m \pm nf_{s1}$, $2f_m \pm nf_{s2}$,, ...등에서 발생한다.[(1)]

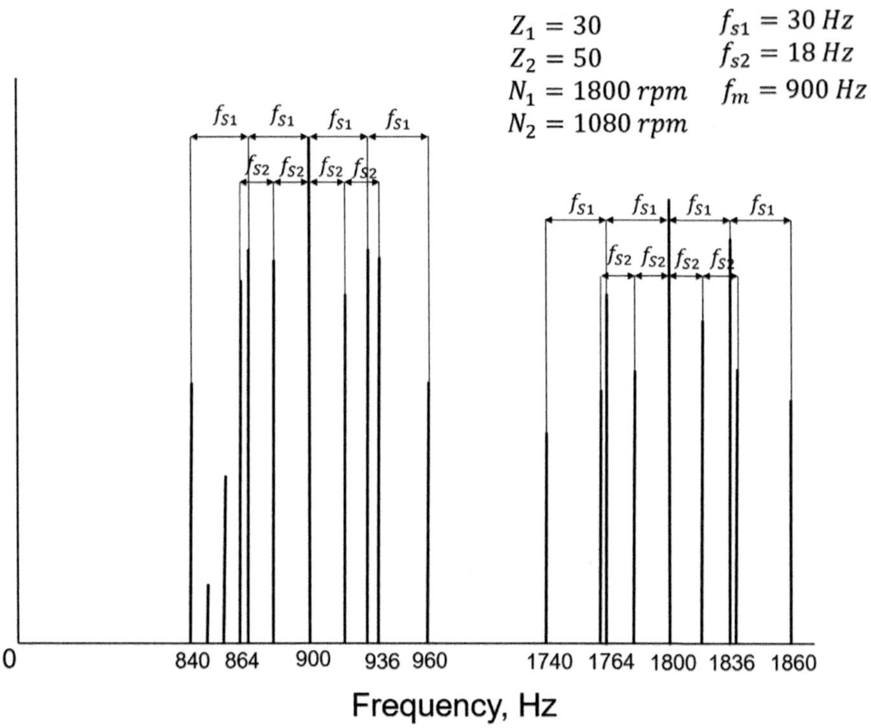

| 그림 10.1 | 기어의 주요 주파수

기어 진동과 소음은 다양한 원인이 있으나 중요한 원인들을 설계요인, 제작요인, 조립요인으로 분류하여 정리하면 그림 10.2와 같이 된다.[(2)]

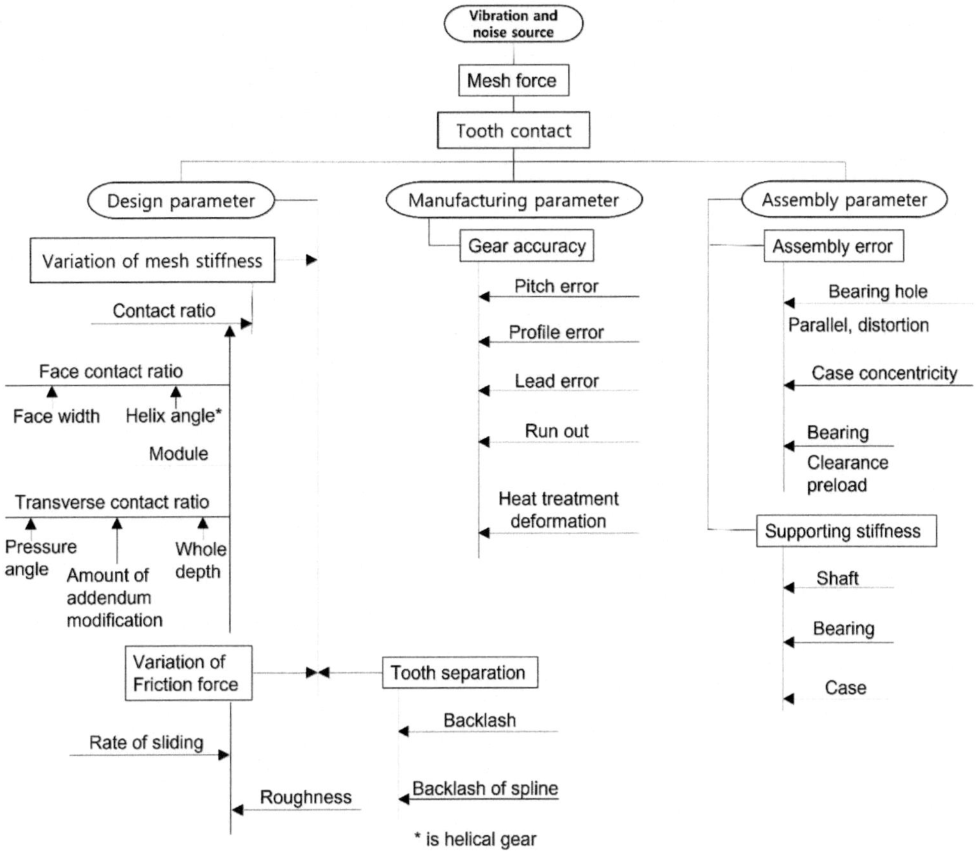

| 그림 10.2 | 기어의 진동소음 원인

이 요인들을 주요 항목 별로 기술하면 다음과 같다.

1) 치의 충격

치의 변형이나 치홈오차(spacing error)로 인하여 치의 선단에서 치의 접촉이 너무 이른 시점에서 일어날 때 발생한다. 치의 적당한 치선 수정이나 치저수정, 크라우닝을 줌으로써 줄일 수 있다.

2) 동적 접촉력

이 힘은 맞물림 강성 변화와 전달 오차의 결과이다. 이 힘이 베어링을 통해 기어 하우징에 전달하여 기어 소음과 밀접하게 관계된다.

3) 마찰력

접촉이 피치점을 지나면서 마찰력의 방향이 바뀌는 것이 기어 소음의 요인이다. 특히 스퍼 기어 소음에 영향을 줄 가능성이 있다.

4) Air Pocketing

고속 기어에서 이가 맞물릴 때 기어 이를 통하여 공기를 급속히 짬으로써 생기는 소음이다.

5) 윤활유 요인

기어 틈새(클리어런스)가 윤활유를 맞물림으로 부터 짜내기에 적당하지 못할 때 발생한다. 백래시를 증가시키고 각각의 맞물리는 이 끝과 이 뿌리사이에 적당한 틈새를 공급하여 소음을 저감한다.

10.2 기어 진동의 모델

기어 진동 모델은 전달 오차 해석과 같이 가장 간단하게는 기어의 비틀림 진동 만을 고려하면 1자유도계 모델로 될 수 있다. 이 모델에서 베어링 강성을 고려하면 3자유도계에서 6자유도계까지 확장되고, 실험장치 시스템을 고려하면 더 많은 자유도를 가진 운동 방정식이 얻어진다. 헬리컬 기어의 경우 회전방향외에 반경방향과 축방향 모델을 추가하면 12자유도계로 확장될 수 있다. 기어 진동의 모델은 앞의 전달 오차 해석을 위한 모델과 동일하다. 중복을 피하기 위해 언급하지 않은 진동 모델, 기어 백래시, 계의 안정성, 하우징을 포함하여 이를 단순화한 모델, 시간 영역의 강제 진동해석을 위한 수치 해석과 관련된 주제를 기술한다.

1) 1자유도계 모델

스퍼 기어의 1자유도계 운동방정식은 다음과 같이 전달오차 모델링에서 언급하였다.

$$m_e \ddot{x} + 2\xi_g \sqrt{m_e \bar{k}}\, \dot{x} + k(t)x = W + F(t) \tag{10.1}$$

여기서 $x = R_{b1}\theta_1 - R_{b2}\theta_2$, $k(t) = \sum_j k_j(t)$, $F(t) = \sum_j k_j(t)e(t)$, $W = T_1/R_{b1}$

$$m_e = \frac{J_1 J_2}{J_1 R_{b2}^2 + J_2 R_{b1}^2}, \quad C = 2\xi_g \sqrt{m_e \bar{k}}$$

식 (10.1)은 치의 강성이 변하는 매개 가진 계(parametric excited system)이고 비선형 계이다.

공진 영역을 제외하면 다음과 같이 선형화 할 수 있다. 이 시스템을 선형화 하기 위해 운동방정식은 다음과 같이 변환될 수 있다.

$$m_e\ddot{x}+2\xi_g\sqrt{m_e\overline{k}}\,\dot{x}+\overline{k}x=\overline{k}y(t)+\Delta F(t), \tag{10.2}$$

여기서,

$$y(t)=(W+F(t))/k(t),\ \ \Delta F(t)=(\overline{k}-k(t))(x-y).$$

$\Delta F(t)$를 무시할 수 있다면, 선형화된 운동방정식을 얻을 수 있다.

$$m_e\ddot{x}+2\xi_g\sqrt{m_e\overline{k}}\,\dot{x}+\overline{k}x=\overline{k}y(t). \tag{10.3}$$

주기 가진함수 $y(t)$는 다음과 같이 조화함수에 의해 표현될 수 있다.

$$y(t)=y_o+\sum_{i=1}^{\infty}y_i\cos(i\omega t-\varphi_i) \tag{10.4}$$

그러면, 식 (10.3)의 정상상태 해는 다음에 의해 주어진다.

$$x=y_o+\frac{\sum_{i=1}^{\infty}\omega_n^2y_i\cos(i\omega t-\varphi_i-\varphi_i)}{\sqrt{\left(\omega_n^2-(i\omega)^2\right)^2+\left(2\xi_g\omega_n(i\omega)\right)^2}} \tag{10.5}$$

여기서

$$\omega_n=\sqrt{\overline{k}/m_e}$$

스퍼 기어의 1자유도계로 모델링과 유사하게 헬리컬 기어를 1자유도계로 모델링 할 수 있다. 그림 10.3과 같이 작용 평면에 강성과 감쇠를 가진 헬리컬 기어를 고려하자.[(3)]

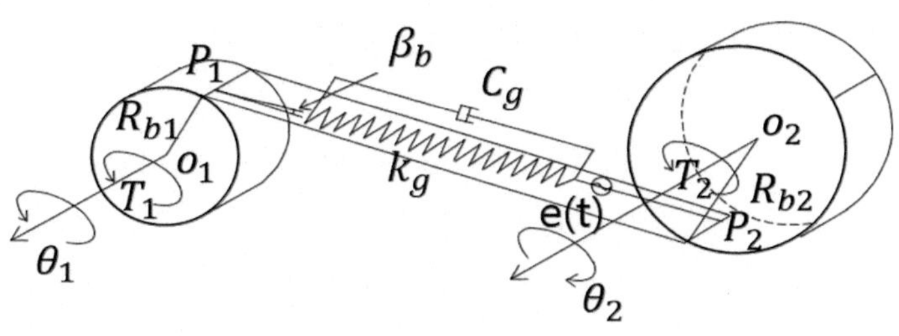

| 그림 10.3 | 헬리컬 기어의 1자유도계 모델

기어의 변위는 다음 식으로 나타낼 수 있다.

$$\delta(t) = \delta_1(t) - \delta_2(t) - e(t) = \cos\beta_b(R_{b1}\theta_1(t) - R_{b2}\theta_2(t)) - e(t) \tag{10.6}$$

맞물림 힘은 다음으로 주어진다.

$$F_g(t) = k_g(t)\delta(t) + C_g\frac{d\delta(t)}{dt}. \tag{10.7}$$

입력 토크 T_1, 부하 토크 T_2, 맞물림 힘 F_g이 작용하는 구동 기어와 피동 기어에 대해 회전방향 운동 방정식이 다음으로 얻어진다.

$$J_1\ddot{\theta}_1 = T_1 - F_g(t)\cos\beta_b R_{b1} \tag{10.8}$$

$$J_2\ddot{\theta}_2 = -T_2 + F_g(t)\cos\beta_b R_{b2} \tag{10.9}$$

두 운동방정식은 스퍼 기어와 같이 일자유도 운동 방정식으로 변환된다.

$$m_e\ddot{x} + \cos^2\beta_b C_g\dot{x} + \cos^2\beta_b k_g(t)x = F_{eq} + \cos\beta_b k_g(t)e(t) + \cos\beta_b C_g\dot{e}(t), \tag{10.10}$$

여기서 $x = R_{b1}\theta_1 - R_{b2}\theta_2,\ m_e = \dfrac{J_1J_2}{J_1R_{b2}^2 + J_2R_{b1}^2},$

$$F_{eq} = m_e(R_{b1}T_1/J_1 + R_{b2}T_2/J_2)$$

부하토크가 $T_2 = R_{b2}T_1/R_{b1}$로 제어되면

다음의 1자유도 운동방정식으로 된다.

$$m_e\ddot{x} + \cos^2\beta_b C_g\dot{x} + \cos^2\beta_b k_g(t)x = T_1/R_{b1} + \cos\beta_b k_g(t)e(t) + \cos\beta_b C_g\dot{e} \tag{10.11}$$

스퍼 기어와 같이 이 운동방정식은 강성에 의해 가진되는 매개 가진 시스템(parametric excited system)이다. 매개 가진(parametric excitation)은 그 주파수가 선형 고유진동수와 멀리 떨어져 있을 때도 큰 응답이 발생한다.[(4)] 기어는 강성이 기어의 맞물림 주기에 의해 변하는 운동방정식을 가지며, 이 식은 주기적인 계수를 갖는 Hill 식 및 Mathieu 식과 비슷한 형태이다. 이 식은 안정한 구역과 불안정한 구역이 존재하며, 주기적으로 운동하는 시스템의 동적 안정성을 해석하기 위해 Flouqet 이론이 유용하게 적용될 수 있다.[(5)]

2) 기어계의 다자유도계 모델

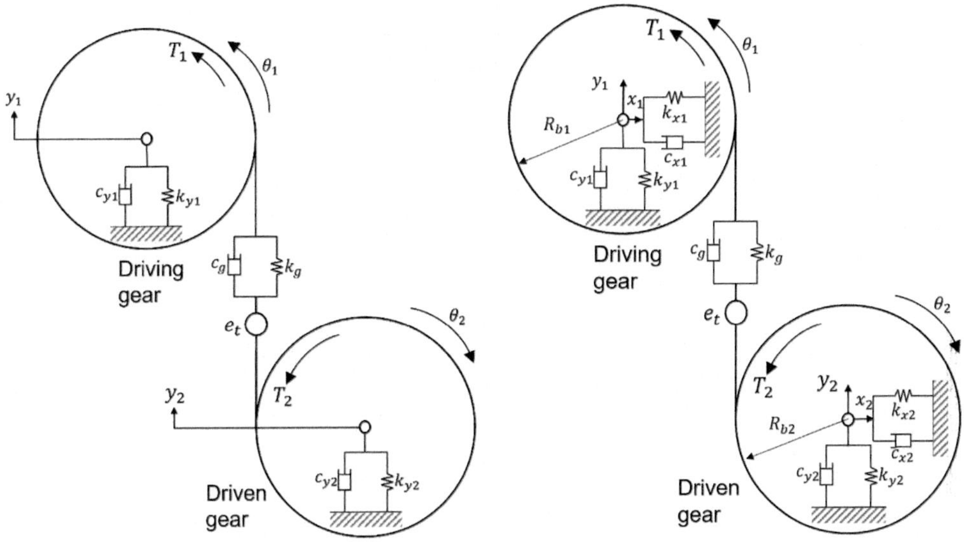

(a) 3자유도계 모델 (b) 6자유도계 모델

| 그림 10.4 | 다자유도계 모델

1자유도계 모델은 맞물림 강성에 의해 지배되는 기어 쌍의 비틀림 진동 모드가 다른 진동 모드와 약하게 연성되어 있을 때는 정확도를 줄 수 있지만 그 밖의 경우는 그렇지 않다. 또한 기어계의 관성 모멘트의 분포가 기어 축 등에서 분리가 쉽지 않을 때는 1자유도의 모델로서 계의 고유 진동수의 예측은 실제와 많이 다르게 된다. 그러므로 기어계를 이루는 축, 베어링의 최소한의 모델이라도 포함하여야 전달 오차 예측의 정확도를 높일 수 있다. 그것은 3자유도 또는 6자유도 모델이며 기어 맞물림 강성외에 베어링 강성과 축 강성을 결합하여 기어의 동적 거동을 해석할 수 있다. 정적 전달 오차를 가진항으로 하여 기어, 축, 베어링, 모터, 브레이크를 포함하는 더 많은 자유도계 모델로 동적 전달 오차, 동적 기어 맞물림력, 베어링력을 예측한다.

3자유도 모델은 작용선 방향의 수직하중과 베어링 강성을 고려한다. 마찰을 고려하면 마찰력은 x축으로 작용하고 수직하중이 작용선 방향인 y축으로 작용한다. 이 경우 그림 10.4(b)와 같이 6자유도계 모델이 사용된다. 6자유도계의 운동 방정식을 유도하기 위해 맞물린 이 i의 수직력은 다음으로 주어진다.

$$F_g^i = k_g^i \delta(t) + c_g^i \dot{\delta}(t) \tag{10.12}$$

여기서,

$$\delta = y_1 - y_2 + x - e\ ,\ x = R_{b1}\theta_1 - R_{b2}\theta_2$$

마찰력과 수직력을 포함한 6자유도계의 운동방정식은 x, y, θ 방향에서 구동 기어와 피동 기어에 대해서 다음으로 주어진다.

$$m_1\ddot{x}_1 + c_{x1}\dot{x}_1 + k_{x1}x_1 = \sum_i \mu^i F_g^i \tag{10.13}$$

$$m_2\ddot{x}_2 + c_{x2}\dot{x}_2 + k_{x2}x_2 = -\sum_i \mu^i F_g^i \tag{10.14}$$

$$m_1\ddot{y}_1 + c_{y1}\dot{y}_1 + k_{y1}y_1 = -\sum_i F_g^i \tag{10.15}$$

$$m_2\ddot{y}_2 + c_{y2}\dot{y}_2 + k_{y2}y_2 = \sum_i F_g^i \tag{10.16}$$

$$J_1\ddot{\theta}_1 = T_1 - \sum_i F_g^i R_{b1} + \sum_i \mu^i F_g^i \rho_1^i \tag{10.17}$$

$$J_2\ddot{\theta}_2 = -T_2 + \sum_i F_g^i R_{b2} - \sum_i \mu^i F_g^i \rho_2^i \tag{10.18}$$

기어의 백래시를 고려하면 강한 비선형 진동을 발생시킨다. 이 때, 기어가 $2b_a$의 일정한 백래시를 가질 때, 치의 변형은 다음으로 주어진다.

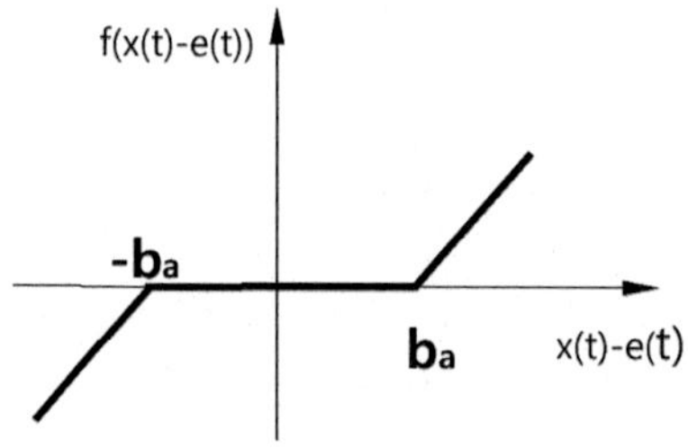

| 그림 10.5 | 백래시 모델

$$\begin{Bmatrix} \delta(t) - b_a & \text{if } \delta(t) \geq b_a \\ 0 & \text{if } |\delta(t)| \leq b_a \\ \delta(t) + b_a & \text{if } \delta(t) \leq -b_a \end{Bmatrix} \tag{10.19}$$

접촉 상태에 따른 치의 하중은 다음으로 주어진다.[3]

$$F_g(t)= k_g(t)(\delta(t)- b_a)+ C_g\frac{d\delta(t)}{dt},\quad \delta(t)>b_a \tag{10.20a}$$

$$F_g(t)= 0,\qquad |\delta(t)| \le b_a \tag{10.20b}$$

$$F_g(t)= k_g(t)(\delta(t)+ b_a)+ C_g\frac{d\delta(t)}{dt},\quad \delta(t)<- b_a \tag{10.20c}$$

10.3 기어의 편심 진동

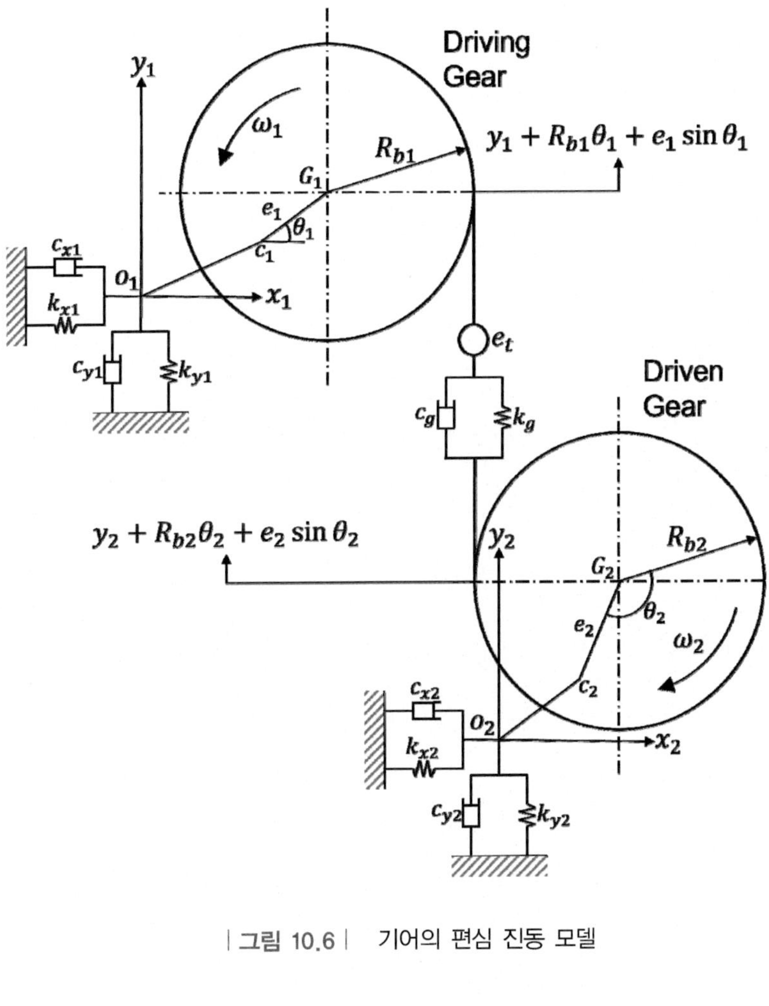

| 그림 10.6 | 기어의 편심 진동 모델

기어 편심은 기어계의 중요한 결함 중의 하나이고, 제작과 조립 과정의 불완전으로 발생한다. 이러한 기어 편심은 기어의 동적 특성을 변화시킨다. 기어 편심은 기어 동력 전달에 영향을 주지는 않는다고 알려져 있지만, 기어가 장시간 가동하는 경우의 상태 진단에서 어떤 요인으로 기어 편심이 발생은 불필요한 동적 힘을 발생시켜 기어의 조기 파괴에 영향을 준다. 또한 기어 편심은 큰 운동의 지연을 야기시키고, 기어 맞물림 소음은 주파수 변조(frequency modulation)과 진폭 변조(amplitude modulation)의 영향을 받는다. 이것은 비트 소음과 맞물림 주파수의 측대주파수 소음의 원인이 된다. 기어의 편심이 있을 때 운동 방정식을 유도한다.[(7)]

그림 10.6은 편심을 가진 기어 모델이다. 이 그림에서 O_1과 O_2는 회전하지 않았을 때 구동축과 피동축의 중심이고 C_1과 C_2는 회전 시의 구동축과 피동축의 중심이며 G_1과 G_2는 기어의 중심이다. 따라서 구동 기어와 피동 기어는 회전축의 중심에서 e_1과 e_2의 기하학적 편심을 가지고 있다. 이 모델로 기어의 운동방정식을 유도하기 위해, 구동 기어와 피동 기어의 전체 각 변위가 다음 식으로 주어진다고 가정한다.

$$\theta_1 = \theta_{a1} + \omega_1 t,\ \theta_2 = \theta_{a2} + \omega_2 t \tag{10.21}$$

여기서 θ_a는 변동하는 각변위, ω는 회전 각속도이다. 편심과 정적전달오차를 고려한 기어의 변위는 다음 식으로 주어진다.

$$\delta = y_1 + R_{b1}\theta_1 + e_1\sin\theta_1 - (y_2 + R_{b2}\theta_2 + e_2\sin\theta_2) - e_t\sin(Z_1\theta_1) \tag{10.22}$$

기어의 힘은 기어의 변위와 치의 강성 k_g과 감쇠 c_g에 의해 다음으로 주어진다.

$$F_g(t) = k_g\delta + c_g\dot{\delta} \tag{10.23}$$

기어의 변위를 대입하면 기어의 맞물림 힘은 다음으로 주어진다.

$$\begin{aligned} F_g(t) &= k_g(y_1 + R_{b1}\theta_1 + e_1\sin\theta_1 - y_2 - R_{b2}\theta_2 - e_2\sin\theta_2 - e_t\sin(Z_1\theta_1)) \\ &\quad + c_g(\dot{y}_1 + R_{b1}\dot{\theta}_1 + e_1\omega_1\cos\theta_1 - \dot{y}_2 - R_{b2}\dot{\theta}_2 - e_2\omega_2\cos\theta_2 - e_t Z_1\omega_1\cos(Z_1\theta_1)) \end{aligned} \tag{10.24}$$

편심을 고려하여 구동 기어의 y 방향 힘의 평형에 의한 운동방정식은 다음으로 주어진다.

$$m_1\frac{d^2}{dt^2}(y_1 + e_1\sin\theta_1) = -F_g - c_{y1}\dot{y}_1 - k_{y1}y_1 \tag{10.25}$$

구동 기어와 같이 피동 기어의 y 방향 힘의 평형에 의한 운동방정식과 기어 힘을 대입하면 다음으로 각각 주어진다.

$$m_2\frac{d^2}{dt^2}(y_2+e_2\sin\theta_2)=F_g-c_{y2}\dot{y}_2-k_{y2}y_2 \tag{10.26}$$

구동 기어와 피동 기어의 x 방향 힘의 평형에 의한 운동방정식은 다음 식으로 각각 주어진다.

$$m_1\frac{d^2}{dt^2}(x_1+e_1\cos\theta_1)=0 \tag{10.27}$$

$$m_2\frac{d^2}{dt^2}(x_2+e_2\cos\theta_2)=0 \tag{10.28}$$

또한 구동 기어와 피동 기어의 회전 방향 모멘트 평형에 의한 운동방정식은 다음 식으로 각각 주어진다.

$$J_1\ddot{\theta}_1=T_1-F_g(R_{b1}+e_1\cos\theta_1) \tag{10.29}$$

$$J_2\ddot{\theta}_2=-T_2+F_g(R_{b2}+e_2\cos\theta_2) \tag{10.30}$$

여기서 J_1과 J_2은 구동 기어와 피동 기어의 질량 관성모멘트, T_1과 T_2는 구동 토크와 부하 토크이다.

10.4 헬리컬 기어의 12자유도계 모델

헬리컬 기어는 스퍼 기어의 원주방향, 반경방향 하중외에 나선각에 의해 축방향 하중이 작용한다. 따라서 헬리컬 기어의 진동은 축방향 거동을 포함하기 위해 그림 10.7과 같이 12자유도계 모델이 사용될 수 있다.

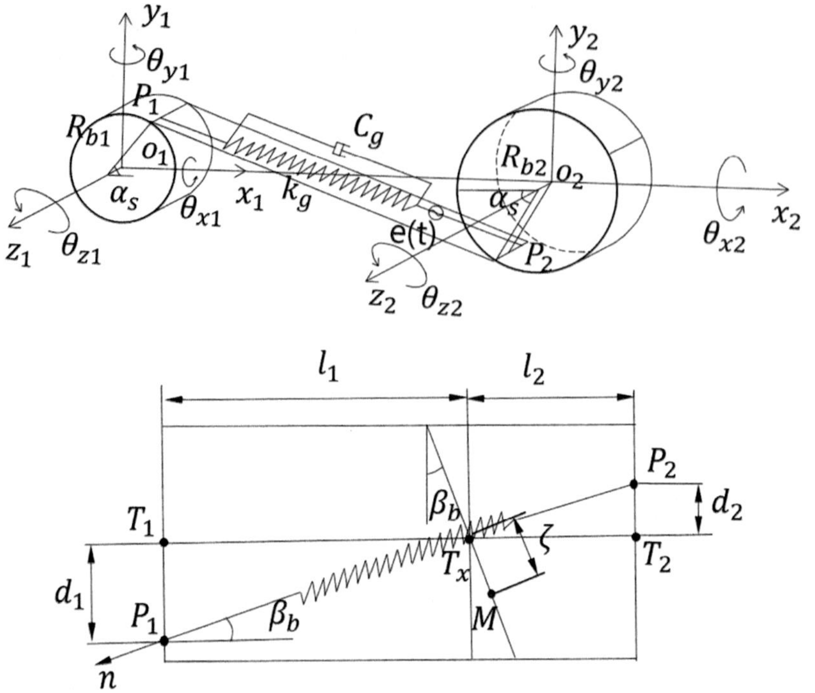

| 그림 10.7 | 헬리컬 기어의 12자유도계 모델

구동 기어 원통 1위의 P_1점의 변위를 δ_1, 피동 기어 원통 2 위의 P_2 변위를 δ_2, 정적 전달 오차를 e일 때, 맞물림 변위는 다음으로 주어진다.

$$\delta = \delta_1 - \delta_2 - e \tag{10.31}$$

맞물림 힘은 다음으로 주어진다.

$$F_g = k_g \delta + c_g \dot{\delta} \tag{10.32}$$

x 방향 힘 $-F_{x1}^{i}$, F_{x1}^{i+1}과 맞물림 힘 F_g이 기어 질량 m_1에 작용한다면, 운동방정식 (10.33)이 얻어진다. 같은 방법으로 다음의 운동방정식들이 얻어진다.

$$m_1 \ddot{u}_1 = F_{x1}^{i+1} - F_{x1}^{i} + F_g \cos\beta_b \sin\alpha_s \tag{10.33}$$

$$m_1 \ddot{v}_1 = F_{y1}^{i+1} - F_{y1}^{i} + F_g \cos\beta_b \cos\alpha_s \tag{10.34}$$

$$m_1 \ddot{w}_1 = F_{z1}^{i+1} - F_{z1}^{i} + F_g \sin\beta_b \tag{10.35}$$

$$J_{x1}\ddot{\theta}_{x1} = M_{x1}^{i+1} - M_{x1}^{i} - F_g \sin\beta_b R_{b1} \sin\alpha_s + F_g \cos\beta_b \cos\alpha_s d_1 \tag{10.36}$$

$$J_{y1}\ddot{\theta}_{y1} = M_{y1}^{i+1} - M_{y1}^{i} + F_g \sin\beta_b R_{b1} \cos\alpha_s + F_g \cos\beta_b \sin\alpha_s d_1 \tag{10.37}$$

$$J_{z1}\ddot{\theta}_{z1} = M_{z1}^{i+1} - M_{z1}^{i} - F_g \cos\beta_b R_{b1} \tag{10.38}$$

$$m_2 \ddot{u}_2 = F_{x2}^{i+1} - F_{x2}^{i} - F_g \cos\beta_b \sin\alpha_s \tag{10.39}$$

$$m_2 \ddot{v}_2 = F_{y2}^{i+1} - F_{y2}^{i} + F_g \cos\beta_b \cos\alpha_s \tag{10.40}$$

$$m_2 \ddot{w}_2 = F_{z2}^{i+1} - F_{z2}^{i} + F_g \sin\beta_b \tag{10.41}$$

$$J_{x2}\ddot{\theta}_{x2} = M_{x2}^{i+1} - M_{x2}^{i} - F_g \sin\beta_b R_{b2} \sin\alpha_s + F_g \cos\beta_b \cos\alpha_s d_2 \tag{10.42}$$

$$J_{y2}\ddot{\theta}_{y2} = M_{y2}^{i+1} - M_{y2}^{i} - F_g \sin\beta_b R_{b2} \cos\alpha_s + F_g \cos\beta_b \sin\alpha_s d_2 \tag{10.43}$$

$$J_{z2}\ddot{\theta}_{z2} = M_{z2}^{i+1} - M_{z2}^{i} - F_g \cos\beta_b R_{b2} \tag{10.44}$$

운동방정식 (10.33)의 조화해로부터 다음과 같이 변환한다.

$$\hat{F}_{x1}^{i+1} = \hat{F}_{x1}^{i} - F_g \cos\beta_b \sin\alpha_s - m_1 \omega^2 \hat{u}_1 \tag{10.45}$$

축 라인 j ($j=1, 2$) 상의 state vector는 다음의 12 성분을 갖는다.

$$\{z_j\} = \{\hat{u}_j \ \hat{v}_j \ \hat{w}_j \ \hat{\theta}_{xj} \ \hat{\theta}_{yj} \ \hat{\theta}_{zj} \ \hat{F}_{xj} \ \hat{F}_{yj} \ \hat{F}_{zj} \ \widehat{M}_{xj} \ \widehat{M}_{yj} \ \widehat{M}_{zj}\}^T \tag{10.46}$$

조합된 state vector를 $\{Z_C\} = \{\{z_1\} \ \{z_2\} \ 1\}^T$로 두면 헬리컬 기어의 전달행렬은 절점 $(i+1)$과 절점 (i)을 다음과 같이 연결된다.

$$\{Z_C\}^{i+1} = [T_G]\{Z_C\}^{i} \tag{10.47}$$

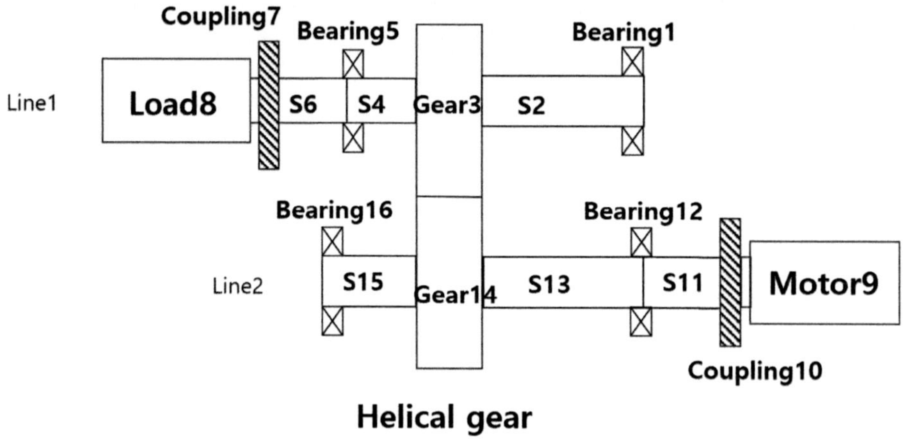

| 그림 10.8 | 구동과 부하부를 포함한 헬리컬 기어계의 모델

헬리컬 기어만의 12자유도계 모델을 확장하여 축, 베어링, 커플링, 구동과 부하부를 포함한 모델로 확장할 수 있다. 이를 앞서 기술한 이산계로 모델링하지 않고 축 등을 보 이론을 포함한 연속계로 모델링하여 기어 진동을 예측할 수 있다. 즉, 축은 보(beam), 봉(rod), 비틀림 축 특성이 합쳐진 연속계로 모델링하여 12×12 전달행렬을 구한다. 베어링은 x, y, z 방향의 강성과 감쇠가 있는것으로 모델링하여 12×12 베어링을 위한 전달행렬을 구한다. 모터와 부하부는 극관성모멘트를 가지고, 커플링요소는 비틀림강성을 가진다고 가정하여 각각 12×12 전달행렬을 구한다. 기어 3은 축 line 1을 지지하고 기어 14는 축 line 2를 지지한다. 기어 3의 각 요소의 전달행렬을 곱하여 오른쪽과 왼쪽 전달행렬을 구하고 기어 14도 각 요소의 전달행렬을 곱하여 오른쪽과 왼쪽 전달행렬을 구한다. 기어 3과 14의 오른쪽 행렬을 각 state vector에 맞추어 합치고 25×25가 되기 위해 (25,25)에 더하면 25×25 사각 전달 행렬이 된다. 기어 3과 14의 왼쪽 행렬도 같은 방법으로 25×25 사각 전달행렬이 된다. 식 (10.47)의 전달행렬 $[T_G]$를 사이에 두고 왼쪽과 오른쪽 전달행렬을 곱하면 전체 전달행렬이 되고 이에 경계조건을 적용하여 계의 응답을 구한다. 자세한 내용은 참고문헌 참조하고 간단한 전달행렬의 적용은 소음해석에서 다룬다.[(8)]

10.5 시간 영역의 강제 진동 수치 해석

앞서 유도한 운동방정식의 시간 영역의 강제 진동 수치 해석을 위하여 다양한 수치 해석 방법이 있다. 이 가운데 시간 영역의 강제 진동 해석을 위해 Newmark beta 법을 소개한다.[(9)]

앞서의 운동방정식을 행렬로 표현하면 다음과 같이 된다.

$$[\mathrm{M}]\{\ddot{u}\}+[C]\{\dot{u}\}+[K]\{u\}=\{F^{ext}\} \tag{10.48}$$

이 운동방정식의 시간 $(n+1)$단계에서의 속도와 가속도는 다음 식으로 주어진다.

$$\{\dot{u}\}_{n+1}=\frac{\gamma}{\beta\Delta t}(\{u\}_{n+1}-\{u\}_n)-\left(\frac{\gamma}{\beta}-1\right)\{\dot{u}\}_n-\Delta t\left(\frac{\gamma}{2\beta}-1\right)\{\ddot{u}\}_n, \tag{10.49a}$$

$$\{\ddot{u}\}_{n+1}=\frac{1}{\beta\Delta t^2}(\{u\}_{n+1}-\{u\}_n-\Delta t\{\dot{u}\}_n)-\left(\frac{1}{2\beta}-1\right)\{\ddot{u}\}_n. \tag{10.49b}$$

이 해석에서 β와 γ는 수치 결과의 무조건 안정을 나타내는 $\beta=1/4$과 $\gamma=1/2$을 사용하고, 초기 조건은 다음으로 주어진다.

$$\{u\}_0=0, \{\dot{u}\}_0=\dot{u}_0, \tag{10.50a}$$

$$\{\ddot{u}\}_0=[M]^{-1}\{F^{ext}\}_0-[k]\{u\}_0-[c]\{\dot{u}\}_0. \tag{10.50b}$$

이 운동방정식은 비선형이므로 행렬을 위한 Newton-Raphson을 사용하여 반복계산으로 수렴시켜 해 u_{n+1}을 구한다. 이 방법에 의한 근의 증분은 다음 식으로 주어진다.

$$\{\Delta u\}_{n+1}=-[K^{eff}]^{-1}([K^{eff}]\{u\}_{n+1}^{(i)}-\{F^{eff}\}_{n+1}), \tag{10.51}$$

여기서

$$[K^{eff}]=\frac{1}{\beta\Delta t^2}[M]+\frac{\gamma}{\beta\Delta t}[C]+[K]$$

$$\{F^{eff}\}_{n+1}=\{F^{ext}\}_{n+1}+[M]\left[\frac{1}{\beta\Delta t^2}\{u\}_n+\frac{1}{\beta\Delta t}\{\dot{u}\}_n+\left(\frac{1}{2\beta}-1\right)\{\ddot{u}\}_n\right]+$$

$$[C]\left[\frac{\gamma}{\beta\Delta t}\{u\}_n+\left(\frac{\gamma}{\beta}-1\right)\{\dot{u}\}_n+\Delta t\left(\frac{\gamma}{2\beta}-1\right)\{\ddot{u}\}_n\right].$$

이 근의 증분은 다음 식과 같이 (i)번째 근에 더해져서 $(i+1)$번째 근이 되고, 같은 방식으로 반복 계산되어 근이 수렴 범위 안에 있으면 최종 해를 구한다.

$$\{u\}_{n+1}^{(i+1)}=\{u\}_{n+1}^{(i)}+\{\Delta u\}_{n+1} \tag{10.52}$$

10.6 모드 벡터의 강제 진동 해석

강제 진동 해석을 위해 모드 벡터를 이용하여 다자유도계 운동방정식을 선형 변환시켜 비연성화하여, 정상상태 응답을 구한다.(7)

식 (10.48)에서 감쇠를 무시하고 행렬 형태로 나타내면

$$[M]\{\ddot{u}\}+[K]\{u\}=\{F\} \tag{10.53}$$

변위 벡터를 모드 벡터을 이용하여 변환하면

$$\{u\}=[p]\{q\} \tag{10.54}$$

이 변환 벡터를 행렬식에 대입하면

$$[M][p]\{\ddot{q}\}+[K][p]\{q\}=\{F\} \tag{10.55}$$

$[p]^T$을 윗식의 양변에 곱하면

$$[p]^T[M][p]\{\ddot{q}\}+[p]^T[K][p]\{q\}=\{Q\}, \tag{10.56}$$

여기서

$$\{Q\}=[p]^T\{F\}.$$

이 식은 점성감쇠를 포함하여 다음의 비연성화된 식으로 나타낼 수 있다.

$$m_{ii}\ddot{q}_i(t)+c_i\dot{q}_i(t)+k_{ii}q_i(t)=Q_i(t),\ \ i=1,2,..,n. \tag{10.57}$$

하중이 $Q_i(t)=\widetilde{Q}_i e^{j\omega t}$의 조화함수이면 해는 $q_i(t)=\widetilde{q}_i e^{j\omega t}$로 가정하여 정상상태 해를 구하고, $\widetilde{q}_i$는 다음으로 주어진다.

$$\widetilde{q}_i=\frac{\widetilde{Q}_i}{k_{ii}\left[\{1-r^2\}+2\zeta_i rj\right]},\ \ i=1,2,...,n, \tag{10.58}$$

여기서

$$r=\frac{\omega}{\omega_i},\ \ \omega_i=\sqrt{\frac{k_{ii}}{m_{ii}}}.$$

비연성화된 해를 식 (10.54)로 원래의 좌표계로 변환하여 각 자유도의 변위를 구한다.

10.7 기어계의 모드 해석

기어계의 모드 해석을 하기 위해 그림 10.4(a)의 모델에서 강체 모드를 제외하고 3 자유도계 운동방정식을 유도한다. 이를 위해 기어의 변위와 감쇠에 의해 기어의 맞물림 수직 힘이 다음으로 주어진다.

$$F_g(t) = k_g\delta + c_g\dot{\delta}. \tag{10.59}$$

여기서

$$\delta = y_1 - y_2 + x - e,\ x = R_{b1}\theta_1 - R_{b2}\theta_2$$

입력토크 T_1, 부하토크 T_2 및 기어의 맞물림 수직힘 $F_g(t)$에 의해 기어들의 운동방정식은 다음과 같이 유도된다.

$$J_1\ddot{\theta}_1 = T_1 - F_g(t)R_{b1} \tag{10.60}$$

$$J_2\ddot{\theta}_2 = -T_2 + F_g(t)R_{b2} \tag{10.61}$$

$$m_1\ddot{y}_1 + F_g(t) + c_{y1}\dot{y}_1 + k_{y1}y_1 = 0 \tag{10.62}$$

$$m_2\ddot{y}_2 - F_g(t) + c_{y2}\dot{y}_2 + k_{y2}y_2 = 0 \tag{10.63}$$

여기서 k_{y1}, k_{y2}는 축과 베어링의 조합 강성으로, 기어가 축의 중앙에 위치하고 있고 축을 지지하는 양 베어링의 강성이 k_{b1}, k_{b2}이면 다음 식으로 주어진다.

$$k_{yi} = \frac{48EIk_{b1}k_{b2}}{12EI(k_{b1}+k_{b2}) + l^3k_{b1}k_{b2}}. \tag{10.64}$$

$\{u\} = \{y_1, y_2, \theta_1, \theta_2\}^T$에서 운동방정식들을 행렬 형태로 바꾸면 다음 식으로 된다.

$$[M]\{\ddot{u}\} + [C]\{\dot{u}\} + [K]\{u\} = \{F^{ext}\} \tag{10.65}$$

여기서

$$[M]=\begin{bmatrix} m_1 & 0 & 0 & 0 \\ 0 & m_2 & 0 & 0 \\ 0 & 0 & J_1 & 0 \\ 0 & 0 & 0 & J_2 \end{bmatrix},\ [C]=\begin{bmatrix} c_{y1}+c_g & -c_g & c_gR_{b1} & c_gR_{b2} \\ -c_g & c_{y2}+c_g & -c_gR_{b1} & -c_gR_{b2} \\ c_gR_{b1} & -c_gR_{b1} & c_gR_{b1} & c_gR_{b1}R_{b2} \\ c_gR_{b2} & -c_gR_{b2} & c_gR_{b1}R_{b2} & c_gR_{b2}^2 \end{bmatrix}$$

$$[K]=\begin{bmatrix} k_{y1}+k_g & -k_g & k_gR_{b1} & k_gR_{b2} \\ -k_g & k_{y2}+k_g & -k_gR_{b1} & -k_gR_{b2} \\ k_gR_{b1} & -k_gR_{b1} & k_gR_{b1} & k_gR_{b1}R_{b2} \\ k_gR_{b2} & -k_gR_{b2} & k_gR_{b1}R_{b2} & k_gR_{b2}^2 \end{bmatrix},\quad [F^{ext}]=\begin{Bmatrix} k_ge+c_g\dot{e} \\ -k_ge-c_g\dot{e} \\ T_1+k_gR_{b1}e+c_gR_{b1}\dot{e} \\ T_2+k_gR_{b2}e+c_gR_{b2}\dot{e} \end{Bmatrix}.$$

앞장의 1자유도 회전방향식 (8.5)와 (8.6)에서 강체 모드를 제거하기 위해 1자유도와 같이 변형하고 부하토크가 $T_2 = R_{b2}T_1/R_{b1}$로 제어되면 운동방정식은 다음으로 주어진다.

$$m_e\ddot{x}+F_g(t)= T_1/R_{b1} \tag{10.66}$$

여기서

$$m_e = \frac{J_1J_2}{J_1R_{b2}^2+J_2R_{b1}^2},$$

$\{u\}=\{y_1,y_2,x\}^T$로 되며 식 (10.65)의 행렬 형태에서 감쇠를 무시하면 각각의 행렬은 다음으로 주어진다.

$$[M]\{\ddot{u}\}+[K]\{u\}=\{F^{ext}\} \tag{10.67}$$

여기서

$$[M]=\begin{bmatrix} m_1 & 0 & 0 \\ 0 & m_2 & 0 \\ 0 & 0 & m_e \end{bmatrix},\quad [K]=\begin{bmatrix} k_{y1}+k_g & -k_g & k_g \\ -k_g & k_{y2}+k_g & -k_g \\ k_g & -k_g & k_g \end{bmatrix},\ [F^{ext}]=\begin{Bmatrix} k_ge \\ -k_ge \\ T_1/R_{b1}+k_ge \end{Bmatrix}.$$

식 (10.67)의 3자유도계 모델을 이용하여 고유진동수와 모드 벡터를 구한다. 먼저 고유 진동수와 모드벡터를 위한 다음 식으로 얻어진다.

$$[[K]-\omega^2[M]]\{U\}=0 \tag{10.68}$$

그러면 고유진동수를 위한 주파수 방정식 또는 특성방정식은 다음으로 주어진다.

$$\Delta = |[K]-\omega^2[M]|=0 \tag{10.69}$$

여기에서 구해진 고유진동수 ω_s에 대응하는 모드 벡터 $\{U\}_s$가 다음 식으로 얻어지며, 각 요소의 상대적인 크기가 다음 식으로 결정된다.

$$\left[[K]-\omega_s^2[M]\right]\{U\}_s=0 \tag{10.70}$$

10.8 모드 해석 수치 예제

[표 10.1] 스퍼 기어와 축 데이터

	구동 기어	피동 기어
잇수	30	26
치폭 (mm)	13	13
기초 원 반경 (mm)	28.1908	24.4320
전위 계수	0.57	0.55
편심 (m)	1.2×10^{-5}	0.
모듈 (mm)	2	
압력각 (deg)	20°	
중심 거리 (mm)	58	
맞물림 강성 (N/m)	4.1393×10^{8}	
정적 TE (m)	2.6428×10^{-6}	
베어링 강성 (N/m)	3.199×10^{7}(볼), 2.602×10^{8}(롤러)	
입력 토크 (N•m)	20	

[표 10.2] 베어링을 포함한 기어계의 고유진동수

	볼 베어링	롤러 베어링
1번 고유진동수 (Hz)	1,365	3,822
2번 고유진동수 (Hz)	1,774	5,047
3번 고유진동수 (Hz)	14,638	14,953

표 10.1의 기어데이타와 기어 맞물림 강성과 볼과 롤러 베어링 강성으로 고유진동수 해석

을 하면 표 10.2와 같이 고유진동수를 얻는다. 볼 베어링에서 롤러 베어링 강성의 증가는 첫 번째와 두 번째 고유진동수에 영향을 주고 있고, 기어 맞 물림 강성의 증가는 세 번째 고유진동수에 영향을 준다. 표 10. 1에서 롤러 베어링의 강성이 볼 베어링의 강성 보다 상당히 크므로 그에 해당하는 고유진동수는 볼 베어링보다 롤러 베어링의 기어계가 높다. 이 고유진동수로 그에 해당하는 고유 모드를 구하면, 볼 베어링과 롤러 베어링을 가진 기어시스템에서 기어 모드의 형태는 같으며 각 주파수에 해당하는 모드를 그림 10.9에 도시한다.

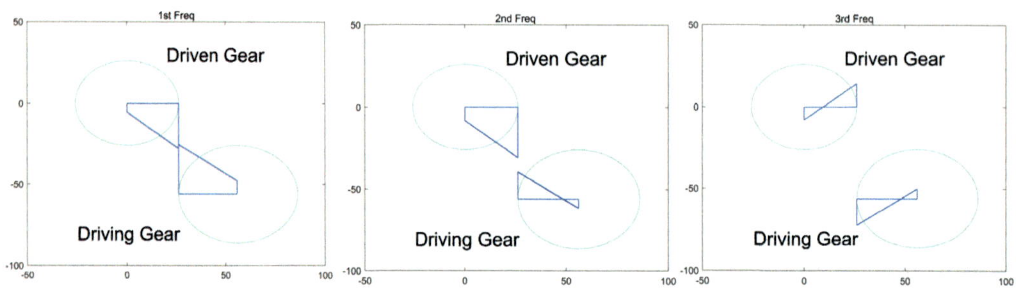

(a) 첫 번째 번째 모드　　(b) 두 번째 모드　　(c) 세 번째 모드

| 그림 10.9 |　기어계의 기어 모드

이 모드에서 첫 번째 모드와 두 번째 모드는 비틀림 in-phase 모드이며, 세 번째 모드는 비틀림 out-of-phase 모드이다. 첫 번째 모드가 서로 반대 방향 y 변위를 가지나 두 번째 모드는 같은 방향의 y 변위를 갖는다. [(7)]

10.9 강제 진동 해석

스퍼 기어는 맞물림이 진행됨에 따라 물리는 이의 수가 변하고 그에 따라 강성이 시간에 따라 변한다. 스퍼 기어는 주로 볼 베어링이나 롤러 베어링과 같이 구름 베어링으로 지지된다. 이 구름 베어링이 회전함에 따라 부하를 받는 전동체 수가 변하고, 기어 강성과 같이 베어링 강성이 시간에 따라 변하는 시변(time-varying) 특성을 갖는다. 기어와 베어링의 시변 강성 특성은 기어의 운동방정식에서 매개 가진(Parametric excitation)으로 작용하므로 스퍼 기어계 진동에의 영향을 미친다.

강제 진동의 예제 해석으로 표 10.1의 기어 데이터와 볼, 롤러 베어링 강성으로 0.6초까지의 시간 영역의 맞물림 힘과 베어링 힘을 $\beta=\frac{1}{4}$, $\gamma=1/2$의 파라미터를 가진 Newmark beta 법과

Newton-Raphson 법을 이용하여 해석한다. 또한 그 시간 영역의 힘들을 볼 베어링 3 kHz까지 롤러 베어링 6 kHz까지 주파수 영역에서 해석한다.[7] 기어의 감쇠 계수는 0.07을 사용하고, 베어링 감쇠는 기어 공진을 명확히 보기 위해 무시하였다.

그림 10.10은 3,000 rpm일 때 볼 베어링 강성으로 기어 편심과 정적 전달 오차가 있는 경우에 기어 맞물림 힘과 볼 베어링 힘을 해석한다. 그림 10.10(a)은 동적 맞물림 힘으로 앞의 결과와 같이 초기 충격하중이 발생한 후 정적 하중 709.45 N을 중심으로 변동하나 비트 현상이 나타난다. 이 힘을 주파수 영역에서 해석한 그림 10.10(b)에서 고유 진동수 1,365 Hz와 1,774 Hz외에, 기어 편심에 의해 3,000 rpm의 축주파수 50 Hz와 정적 전달 오차에 의한 맞물림 주파수 1,500 Hz에서 가장 큰 피크가 있다. 그림 10.10(c)는 시간 영역의 볼 베어링 힘이고 기어 맞물림 보다 다소 줄어든 비트 현상이 보인다. 그림 10.10(d)는 주파수 영역의 베어링 힘이 두 개의 고유 진동수 외에 정적 전달 오차가 맞물림 주파수 1,500 Hz에서 rpm 상승에 따라 가장 큰 피크로 상승하며, 기어 편심에 의한 피크는 기어 맞물림 힘에 비해 작은 피크로 존재한다.

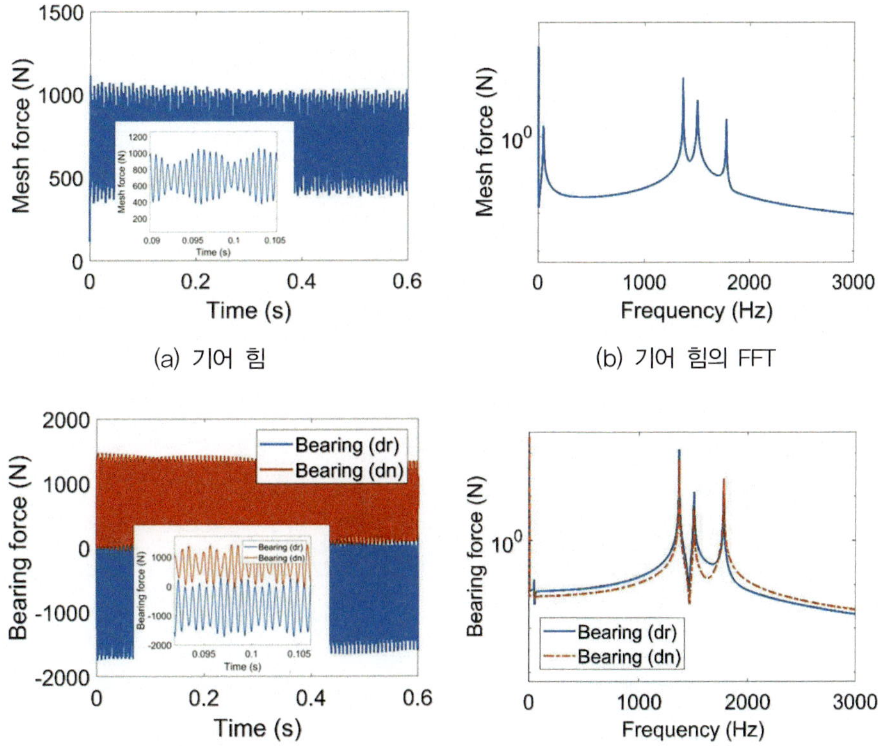

(a) 기어 힘 (b) 기어 힘의 FFT

(c) 볼 베어링 힘 (d) 볼 베어링 힘의 FFT

| 그림 10.10 | 볼 베어링으로 지지된 기어계의 기어와 베어링 힘

그림 10.11은 3,000 rpm일 때 롤러 베어링 강성으로 기어 편심과 정적 전달 오차가 있는 경우에 기어 맞물림 힘과 롤러 베어링 힘을 해석한다. 그림 10.11(a)은 시간 영역의 동적 맞물림 힘으로 초기 충격하중이 발생하며, 그림 10.11(a)의 동일 rpm에서 볼 베어링 강성에서는 하중변동이 점차적으로 감소하지만 롤러 베어링은 급격히 하중 변동이 줄어들고 있다. 이 힘을 주파수 영역에서 해석한 그림 10.11(b)에서도 고유 진동수 3,822 Hz와 5,047 Hz외에, 기어 편심에 의해 3,000 rpm의 축주파수 50 Hz와 정적 전달 오차에 의한 1500 Hz에 피크가 있다. 그림 10.11(c)의 베어링 힘도 시간 영역에서 볼 베어링 결과인 그림 10.11(c)와 달리 급격히 감소하고 있다. 그림 10.11(d)는 주파수 영역의 베어링 힘이 두 개의 고유 진동수 외에 정적 전달 오차가 맞물림 주파수 1500 Hz에서 피크가 존재하며, 기어 편심에 의해 맞물림보다 감소한 피크로 존재한다.

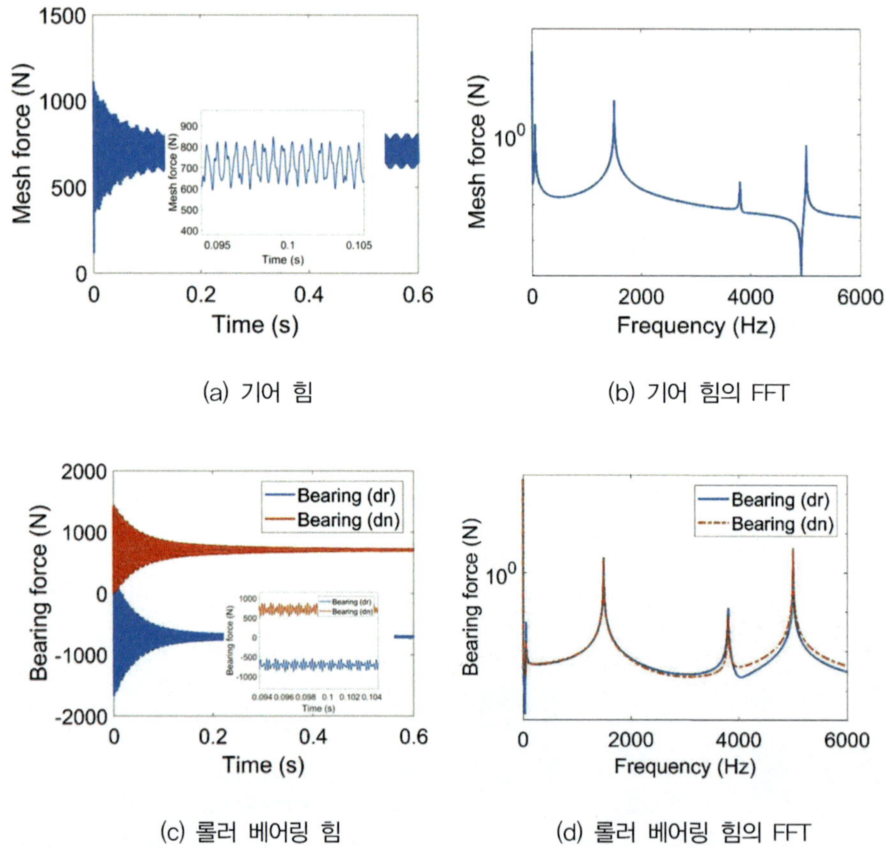

(a) 기어 힘

(b) 기어 힘의 FFT

(c) 롤러 베어링 힘

(d) 롤러 베어링 힘의 FFT

| 그림 10.11 | 롤러 베어링으로 지지된 기어계의 기어와 베어링 힘

베어링 감쇠는 회전속도 증가에 따라 감소하는 등, 많은 요인에 의해 변화한다.[(11)] 대략적

인 감쇠는 베어링 강성에 0.25×10^{-5}와 2.5×10^{-5}배로[12] 정해지는 범위의 최소값인 80 N・s/m을 사용하여 그 영향을 조사하면, 베어링 감쇠는 맞물림 힘과 베어링 힘을 급격히 감소시켜 정상상태로 가게하고, 고유 진동수에 의한 피크를 줄인다.

참고문헌

[1] Townsend, D.P ed., 1992, Dudley's Gear Handbook 2nd ed., McGraw-Hill, NY, Ch.14.

[2] 박찬일, 1992, 기어계의 하중전달 및 진동 특성에 관한 연구, 박사학위 논문, 서울대학교.

[3] 박찬일, 2010, 토크 변동에 의한 백래시를 가진 헬리컬 기어의 비선형 동적해석, 한국소음진동공학회 논문집, 20(7), pp.677-684.

[4] Nayfeh, A. H. and Mook, D.T., 1979, Nonlinear Oscillations, John Wiley & Sons, Inc., New York.

[5] 박찬일, 2013, Floquet 이론과 섭동법에 의한 Mathieu equation의 안정성해석, 한국소음진동공학회 논문집 23(8), pp.734-741

[6] Park, C. I., 2020, Dynamic Behavior of the Spur Gear System with Time Varying Stiffness by Gear Positions in the Backlash, Journal of Mechanical Science and Technology 34(2) pp.565-572

[7] 박찬일, 2023, 편심을 가진 스퍼 기어의 동적 하중 특성, 대한기계학회 논문집 A, 47(1), pp.23-32.

[8] Park, C. I., 2005, Analysis of Vibration transmission for helical gear system by spectrally formulated elements, Proc. of IDETC/CIE-2005, Long Beach, USA, DETC2005-84007.

[9] 박찬일, 2018, 스퍼 기어계의 진동해석에서 구름 베어링의 강성효과, 대한기계학회 논문집A, 42(5), pp.461-469.

[10] 박찬일, 2016, 볼 베어링의 강성과 스퍼기어 계의 모드 특성, 대한기계학회 논문집 A, 40(5), pp.489-495.

[11] Nonato, F. and Cavalca, K. L., 2014, An approach for including the stiffness and damping of elastohydrodynamic point contacts in deep groove ball bearing equilibrium models, Journal of Sound and Vibration, 333, pp.6960-6978.

[12] Kramer, E., 1993, Dynamics of Rotors and Foundations, Springer-Verlag, Berlin.

11 CHAPTER 전달 오차 및 진동의 측정

앞서 기술한 전달 오차 이론에 이어 이장에서는 전달 오차와 진동 측정법을 소개한다. 먼저 전달 오차의 측정은 구동 기어의 회전에 대한 피동 기어의 회전의 변화를 측정하는 것이다. 그림 11.1(a)는 구동 기어 회전에 대한 피동 기어의 회전을 도시한다. 이론적인 기어비에 의한 피동 기어의 회전수가 점선으로 표시되어 있고, 실제 회전수가 실선으로 표시되어 있다. 전달 오차는 이론적인 회전수에서 벗어난 회전수를 구하는 것으로 이를 추출하면 그림 11.1(b)와 같이 된다.[(1)] 이장에서는 이와 같은 전달 오차 측정법과 진동 측정법을 기술한다.

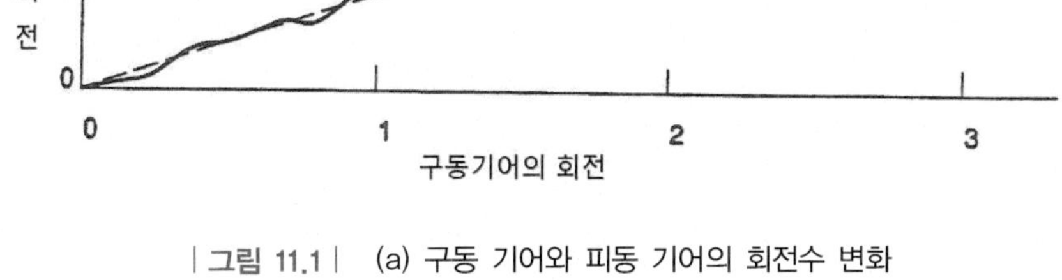

| 그림 11.1 | (a) 구동 기어와 피동 기어의 회전수 변화

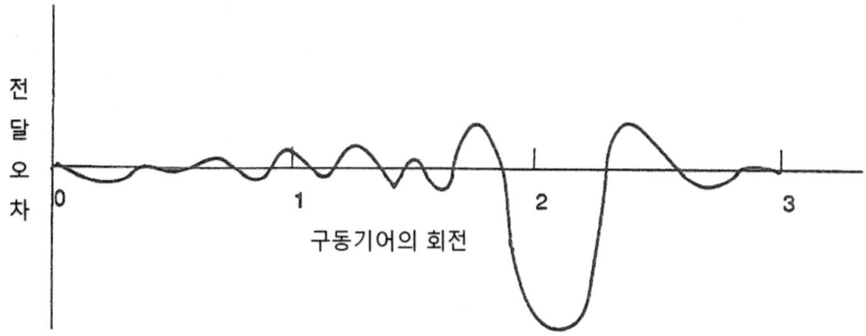

| 그림 11.1 | (b) 추출된 전달 오차

11.1 전달 오차의 측정

전달 오차의 측정법에는 엔코더에 의한 측정법과 가속도계에 의한 측정법이 있으며 이에 대해 기술한다.

1) 엔코더에 의한 전달 오차 측정

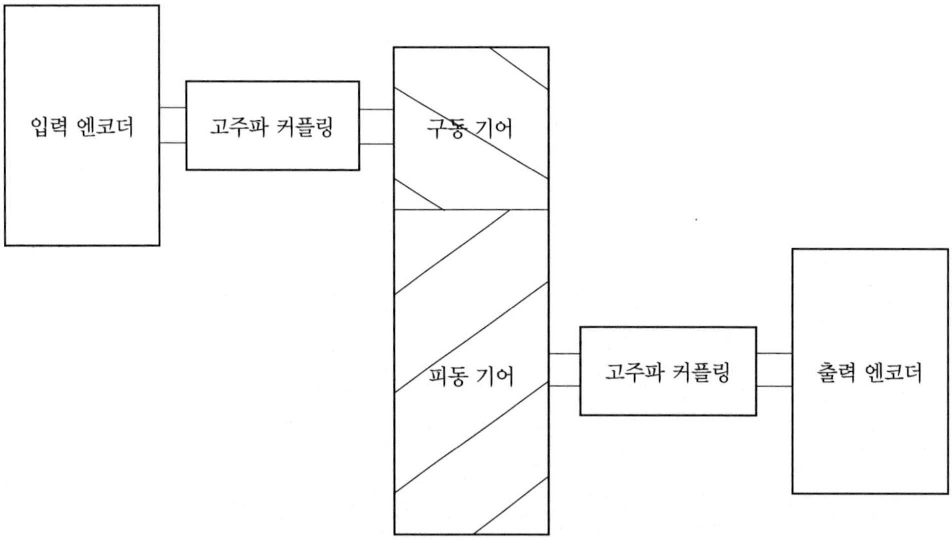

| 그림 11.2 | 엔코더에 의한 전달 오차 측정

엔코더에 의한 전달 오차(Transmission Error) 측정법은 National Engineering Laboratory at East Kilbride에 의해 실험실 사용을 위해 처음 개발되었다. 그 후 R.G. Munro에 의해 1960년대에 산업용 사용을 위해 재설계되고 개발되었고, 기어 측정 장비에 성공적으로 도입되었다. 그림 11.2는 엔코더에 의한 전달 오차(TE) 측정법의 개략적인 그림이며, 구동 기어와 피동 기어 양단에 설치된 고분해능 엔코더가 고주파 커플링으로 연결되어 기어의 회전 각도를 측정한다. 이 장비는 가끔 single flank tester로도 언급된다.

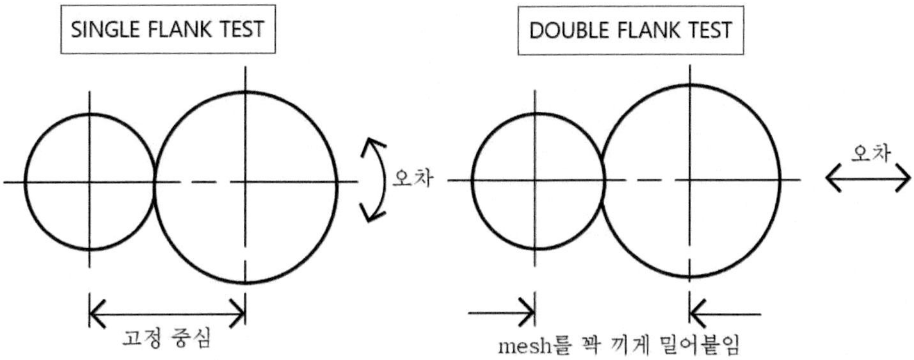

| 그림 11.3 | (a) Single flank test (b) Double flank test

Single flank test는 그림 11.3(a)와 같이 한 쌍의 기어를 소정의 중심거리에서 작동측의 좌우 어느 쪽이든 한 쪽의 치면 만을 접촉시키고 회전시켰을 때 회전각의 전달 오차를 직접 측정한다. 그림 11.3(b)는 Double flank test이며, 이 시험기는 한 쌍의 기어를 백래시가 없는 상태로 맞물려 회전시켰을 때 중심거리의 변동을 측정하고, 간단하기 때문에 정밀도 평가에 폭넓게 활용한다.

엔코더 측정법은 그림 11.4(a)의 카운터 차에 의한 방법과 그림 11.4(b)의 위상 차에 의한 방법이 있다. 위상차 방법은 기어 회전이 멈추면 전달 오차 데이터를 잃는다. 그러나 무한히 운전될 수 있어서 매우 오랜 기간 동안 기어 쌍을 시험할 때 유용하다. 카운터 차에 의한 방법은 회전이 정지하더라도 전달 오차 데이터가 보관된다. 그러나 카운터 수를 저장할 매체가 필요하여, 가능한 회전수가 저장 능력에 의해 제한된다. 이 두 방법들은 정확도와 편리함에 있어 비슷하다.

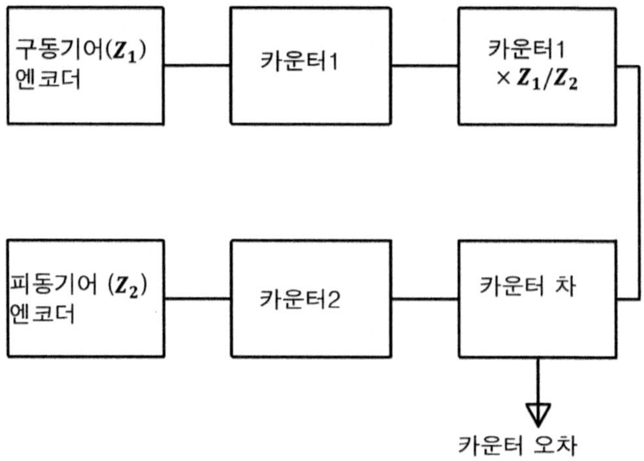

| 그림 11.4 | (a) 카운터 차에 의한 방법(Counting method)

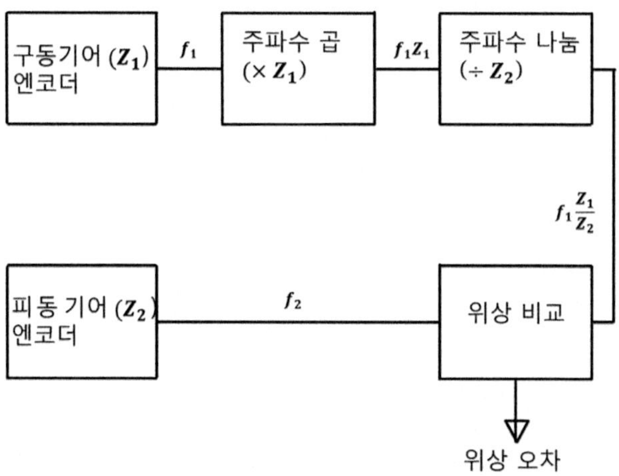

| 그림 11.4 | (b) 위상 차에 의한 방법(Phase difference method)

엔코더는 가볍고 비틀림 강성이 높은 커플링에 의해 구동된다. 그러나 1500 Hz이상의 비틀림 고유 진동수를 얻기는 어려우므로 1200 Hz까지로 제한된다. 엔코더로 최고 속도로 실험하면 전달 오차에 의한 가진과 실험장치의 비틀림 진동과 굽힘 진동이 포함되므로 첫 번째 고유 진동수의 파악이 필요하다. 이상적인 실험 조건은 10 rpm과 최고 토크이나 모터나 부하장치가 저속, 최고 토크에서 작동할 수 없고 기어 치나 베어링 파괴의 위험이 있다. 첫 번째 고유 진동수의 2/3까지의 결과가 효과적인 준정적(quasi-static)이다. [2]

2) 가속도계에 의한 방법

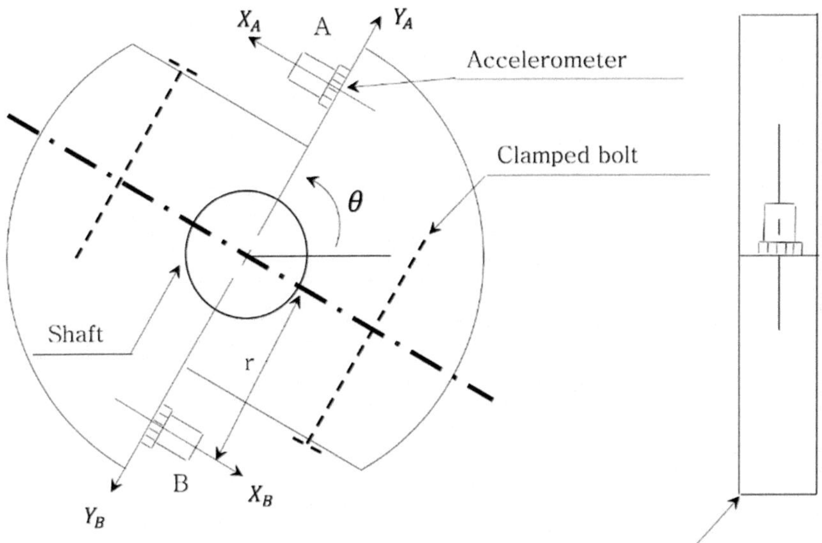

| 그림 11.5 | 가속도계 방법

고주파에서는 엔코더 방법보다 가속도계 방법을 사용한다. 이 방법은 가속도 측정 결과를 변위로 바꾸기 위해 두 번의 적분이 필요하여 1/rev의 정보는 믿을 수 없다. 또한 Telemetry system과 슬립링 같은 고가 장비 필요하다. 중간 정도의 주파수 범위에서는 엔코더에 의한 방법과 거의 같은 값을 보인다.

그림 11.5는 가속도계 방법에 의한 가속도계 설치 그림이다. 기어의 회전방향 가속도를 측정하기 위해 기어에 알루미늄 블록을 설치하거나 별도의 지그를 만들어 두 가속도계를 그림과 같이 설치한다. 회전축으로부터 등거리에 두 개의 가속도계를 부착할 때, 가속도계는 접선방향 가속도와 법선방향 가속도가 동시에 작용하고, 가속도계의 법선방향 가속도와 접선방향 가속도는 다음 식으로 각각 주어진다.

$$a_n = r\omega^2 + g\sin\theta \tag{11.1}$$

$$a_t = r\alpha - g\cos\theta \tag{11.2}$$

가속도계와 증폭기의 조합된 감도를 고려하여 가속도계 A와 B의 출력 전압은 각각 다음과 같이 된다.[3]

$$e_A = k_A[r\alpha - g\cos\theta - \alpha_{yA}(r\omega^2 + g\sin\theta)] \tag{11.3}$$

$$e_B = k_B[r\alpha + g\cos\theta - \alpha_{yB}(r\omega^2 - g\sin\theta)] \tag{11.4}$$

여기서 k_A, k_B =가속도계와 증폭기의 조합된 감도, α_{yA}, α_{yB} =교차축 감도

$k_A = k_B = k$이고, 교차축 감도를 무시하면 두 출력 전압을 합친 두 가속도계의 합은 다음과 같이 회전 각 가속도 성분만 남긴다.

$$e_A + e_B = 2kr\alpha - (\alpha_{yA} + \alpha_{yB})r\omega^2 \cong 2kr\alpha \tag{11.5}$$

이 각가속도를 두 번 적분하면 구동 기어 및 피동 기어의 각 변위가 구해지고, 전달 오차식(8.1a)를 적용하면 각 변위 전달 오차가 구해진다. 여기에 피동 기어의 기초원 반경 혹은 피치원반경을 곱하면 식 (8.1b)와 다음 식에 의해 길이 차원의 전달 오차가 구해진다.

$$R_{b2}\int_0^t \int_0^t (\ddot{\theta}_2 - n\ddot{\theta}_1)dt^2 \qquad \text{여기서} \qquad n = Z_1/Z_2 \tag{11.6}$$

이 방식으로 얻은 전달 오차는 동적 전달 오차이며, 주파수 1 kHz 이상에서도 믿을만한 정보를 준다.

11.2 진동의 측정

스퍼 기어는 회전방향 진동과 반경방향 진동이 발생하고, 헬리컬 기어는 회전방향 진동과 반경방향 진동 외에 축방향 진동이 발생한다. 따라서 이 절에서는 회전방향 진동, 반경방향 진동, 축방향 진동 측정에 대해 기술한다.[4,5]

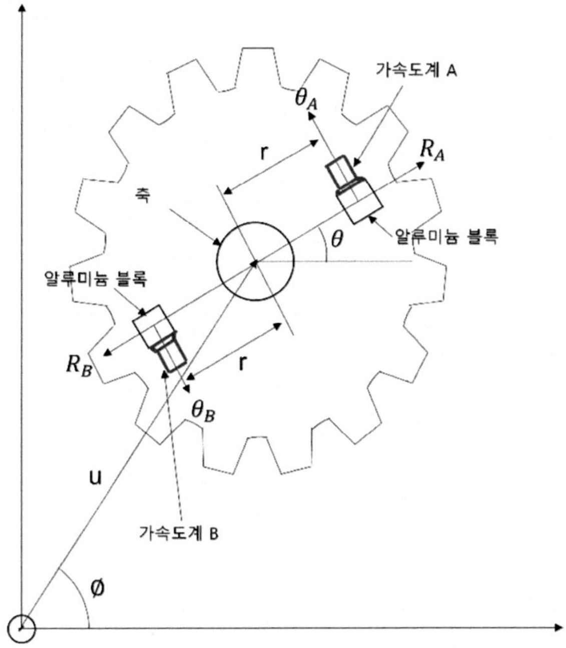

| 그림 11.5 | 회전방향 진동 측정을 위한 가속도계 설치

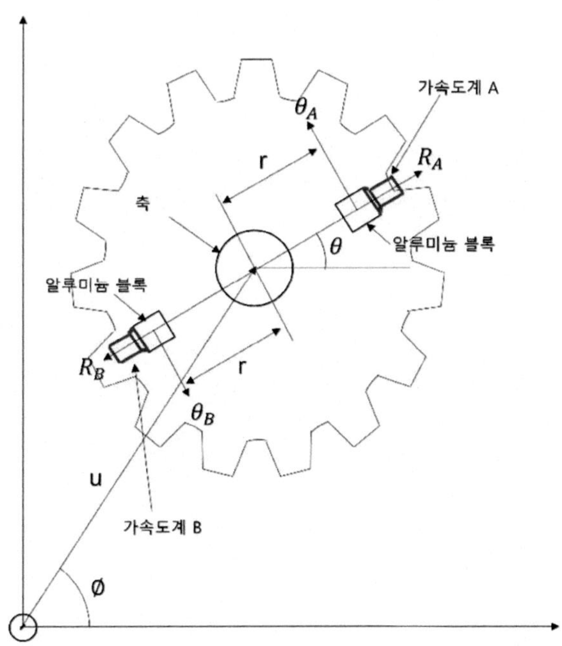

| 그림 11.6 | 반경방향 진동 측정을 위한 가속도계 설치

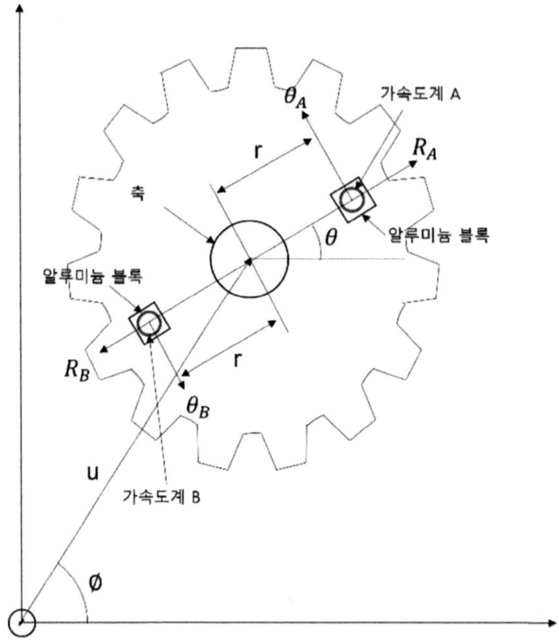

| 그림 11.7 | 축방향 진동 측정을 위한 가속도계 설치

1) 회전방향 진동 측정

기어의 가속도 측정은 전달 오차의 가속도 법에 의한 가속도 설치와 같은 방법으로 회전방향 진동을 측정할 수 있다. 회전방향의 진동을 측정하기 위하여 그림 11.5와 같이 설치된 가속도계는 작용하는 가속도의 평균에 직접 비례하는 출력 전압을 생산한다. 그러므로 가속도계의 출력전압은 중력장의 영향 하에서 부하를 받지 않은 축 중심으로부터 하중에 의한 변위를 가정한다. 그림 11.5에서 가속도계 A와 B로 부터의 출력신호는 교차축 감도를 무시하면 다음으로 주어진다.

$$e_A = k_A\left(r\alpha - gcos\theta + \ddot{u}\cos(\varnothing - \theta)\right)\hat{e}_\theta \tag{11.7}$$

$$e_B = k_A\left(r\alpha + g\cos\theta + \ddot{u}\cos(\varnothing - \theta)\right)\hat{e}_\theta \tag{11.8}$$

$k_A = k_B = k$일 때, 가속도계 두 신호의 합에 의해 다음 식과 같이 회전방향 진동이 얻어진다.

$$e_A + e_B = 2r\alpha k\hat{e}_\theta \tag{11.9}$$

2) 반경방향 진동 측정

반경방향의 진동을 측정하기 위하여 그림 11.6과 같이 설치된 가속도계는 부하를 받지 않은 축 중심으로부터 하중에 의해 변위 u만큼 축의 중심이 이동하여 있다고 가정한다. 가속도계 A와 B로 부터의 출력 신호는 가속도계의 교차축 감도를 무시하면 다음과 같이 주어진다.

$$e_A = k_A\left(-r\omega^2 - g\sin\theta + \ddot{u}\cos(\varnothing - \theta)\right)\hat{e}_r \tag{11.10}$$

$$e_B = k_A\left(-r\omega^2 + g\cos\theta - \ddot{u}\cos(\varnothing - \theta)\right)\hat{e}_r \tag{11.11}$$

선형 가속도계와 증폭기의 조합된 감도가 $k_A = k_B = k$로 가정하면 두 신호의 차는 다음과 같이 축의 진동 성분이 남게 된다.

$$e_A - e_B = 2\left(\ddot{u}\cos(\varnothing - \theta) - gsin\theta\right)k\hat{e}_r \tag{11.12}$$

3) 축방향 진동 측정

축방향 진동의 측정을 위하여 그림 11.7과 같이 설치된 가속도계는 축방향 진동 가속도 $\ddot{w}$를 받고 조합된 감도가 k로 가정하면 두 가속도 신호의 합은 다음과 같이 얻어진다.

$$e_A + e_B = 2\ddot{w}k\hat{e}_z \tag{11.13}$$

실험에 사용된 가속도계의 선은 축 중심에 구멍을 내고 그 구멍을 통해 슬립링의 회전부분 단자에 연결되며 슬립링의 비회전부분에서 연결한 선은 증폭기에서 증폭된다. 세 방향의 진동의 가속도 측정값이 FFT 분석기까지의 과정의 세 방향의 진동 측정을 요약하면 그림 11.8로 나타내어진다. 그림 11.9는 이 가속도계를 설치하고 실험하기 위한 실험 장치의 개략도이고, 그림 11.10은 실험장치이다. 그림 11.11은 전달 오차와 회전방향 가속도를 측정하기 위해 기어에 설치된 가속도계 그림이다.

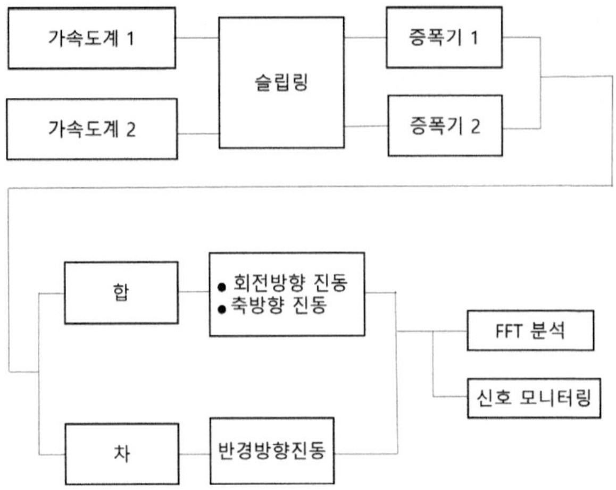

| 그림 11.8 | 진동 측정을 위한 블록 다이어그램

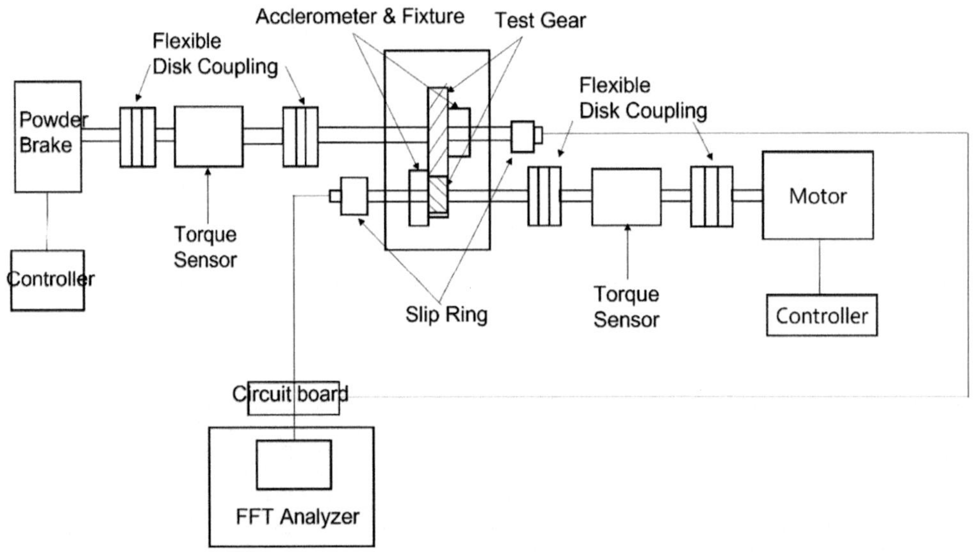

| 그림 11.9 | 가속도계 방법에 의한 실험장치 개략도

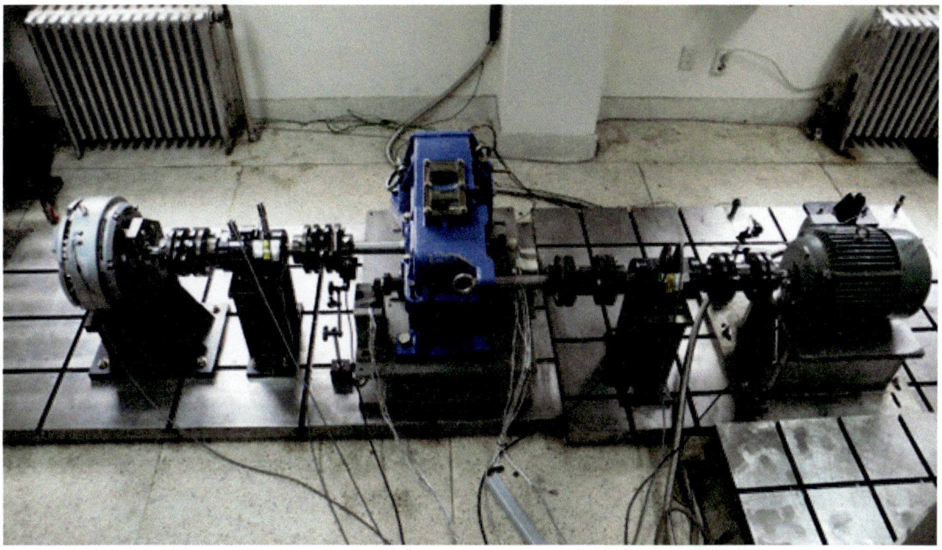

| 그림 11.10 | 가속도계 방법에 의한 실험장치

| 그림 11.11 | 설치된 가속도계

참고문헌

[1] D.R. Houser, R. Singh, 1999, Basic Gear Noise Short Course, Ohio State University.

[2] J.D. Smith, 2003, Gear Noise and Vibration 2nd ed, Marcel Dekker, Inc., New York, Ch.7.

[3] 김대식, 조도현, 박찬일, 최덕기, 박찬국, 2003, 가속도계에 의한 헬리컬 기어의 동적 전달 오차의 측정, 대한기계학회 논문집 A권, 27(10), pp.1720-1727.

[4] 박찬일, 전돈혁, 2007, 물림률이 다른 헬리컬 기어의 3 방향 진동의 실험적 연구, 한국소음 진동공학회 논문집, 17(2), pp.177-184.

[5] 박찬일, 1992, 기어계의 하중전달 및 진동 특성에 관한 연구, 박사학위 논문, 서울대학교.

[6] 박찬일, 조도현, 2002, 축과 베어링 변형을 고려한 헬리컬 기어의 전달오차 해석, 대한기계학회 논문집 A권, 26(10), pp.2194-2200.

CHAPTER 12 소음 해석

기어 진동 소음의 요인에 의해 기어에서 발생한 진동으로 기어 하우징까지 진동으로 전달되고 소음으로 방사된다. 이러한 진동소음의 전달경로를 요약하면 그림 12.1로 된다. 즉, 기어의 오차와 변형으로 전달 오차가 발생하고, 기어와 축의 비틀림 진동과 굽힘 진동을 유발하며, 기어의 동적 맞물림 힘이 베어링으로 전달되어 하우징 진동을 발생시키며, 하우징의 방사효율에 따라 방사 소음의 정도가 결정되어 소음이 전파된다.

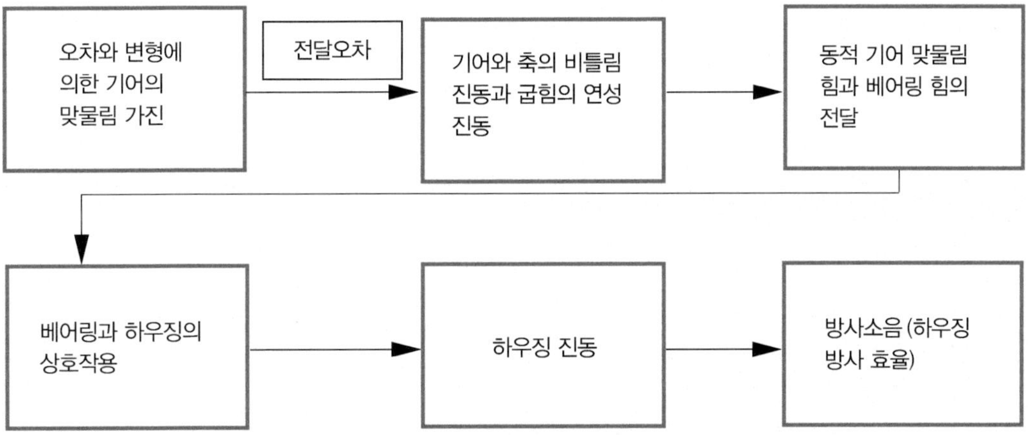

| 그림 12.1 | 기어박스의 진동소음 전달 경로

기어 소음은 와인 소음(whine noise)과 래틀 소음(rattle noise)으로 크게 나눌 수 있다. 와인 소음은 동력 전달시 맞물림이 진행함에 따라 기어 이의 변형이 변함으로써 발생하는 기어 소음이다. 이에 반해 래틀소음은 기어에 하중이 작용하지 않더라도 큰 백래시 등에 의해 발생하며 수동변속기를 장착한 차량에서 엔진의 토크 변동에 기인한 충격 진동으로 인해 발

생한다.

하우징을 포함한 기어계로 부터의 방사소음의 예측은 소음 저감에 대한 사회적인 요구와 소비자로부터 요구 때문에 중요성이 더해가고 있다. 보통 기어설계자는 하우징을 포함한 기어계의 진동소음 특성을 이해하기 위해 많은 어려움을 가지고 있다. 특히 하우징의 모드가 너무 복잡하기 때문에 설계자가 하우징의 기본적인 소음, 진동 특성도 파악하기가 매우 어렵다. 이 장에서는 9장의 진동 해석을 기반으로 하우징의 간이 모델을 가진 소음 해석 모델링을 소개하고, 기어박스 음향 해석, 래틀 소음, 하우징 리브의 영향 및 음향 민감도 해석에 대해 기술한다.

12.1 소음 해석 모델

소음과 관련된 연구로 간단한 모델을 적용한 예로 고주파수 영역에서 발생하는 복잡한 하우징 모드를 처리하기 위해 통계학적 에너지법(statistical energy analysis)을 사용하여 스퍼 기어쌍을 포함한 일반적인 기어상자를 조사하였다. 음향세기(acoustic intensity) 측정으로부터 방사효율을 계산하고 사각평판을 사용하여 방사효율을 예측하였다. 이외에도 유한요소법으로 실제 하우징의 복잡한 모델을 포함하여 음향 해석으로 소음을 예측하였다. 이 절에서는 하우징을 포함하는 헬리컬 기어계의 단순화된 모델링을 이용하여 방사소음과 진동의 전달특성에 대한 간단한 소음 해석 모델을 소개한다.

12.2 축방향 가진을 위한 헬리컬 기어의 전달행렬 [1]

기어계의 소음 해석을 해석하기 위해 힘과 변위 전달을 해석하기 위해 기어의 전달함수를 사용하기로 하고, 기어의 전달함수를 유도한다.

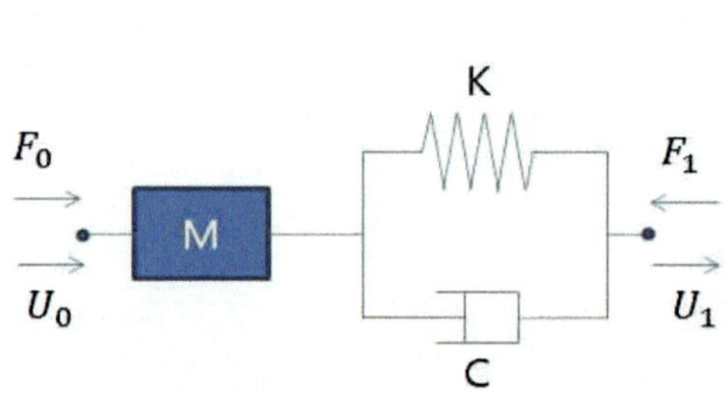

| 그림 12.2 | 질량-스프링-감쇠 4단계

기어를 1자유도계로 모델링 할 때, 조화 가진을 가진 1자유도계 선형 운동 방정식은 다음으로 주어진다.

$$M\ddot{x}+C\dot{x}+Kx=F_0\cos\omega t \tag{12.1}$$

질량-스프링-감쇠 계는 그림 12.2와 같이 4단계(four terminal system)로 표현될 수 있다. 계의 입력은 힘 F_0와 변위 U_0로 사인파 모양으로 진동하여 계의 출력은 힘 F_1과 변위 U_1을 생산한다. 그러므로 질량-스프링-감쇠 계의 전달행렬은 질량과 스프링-감쇠의 평행하게 연결되어 있어 두 전달행렬을 곱하여 다음과 같이 얻어진다.

$$\begin{Bmatrix} F_1 \\ U_1 \end{Bmatrix}=\begin{bmatrix} 1 & 0 \\ -1/(K+j\omega C) & 1 \end{bmatrix}\begin{bmatrix} 1 & M\omega^2 \\ 0 & 1 \end{bmatrix}\begin{Bmatrix} F_0 \\ U_0 \end{Bmatrix}=\begin{bmatrix} \alpha_{11} & \alpha_{12} \\ \alpha_{21} & \alpha_{22} \end{bmatrix}\begin{Bmatrix} F_0 \\ U_0 \end{Bmatrix}, \tag{12.2}$$

여기서

$$\alpha_{11}=1,\ \alpha_{12}=M\omega^2,\ \alpha_{21}=-1/(K+j\omega C),\quad \alpha_{22}=1-M\omega^2/(K+j\omega C).$$

스프링 강성이 변하는 기어계의 매개 가진 계(parametric excited system)를 4단 전달행렬로 얻기 위해 선형화된 운동방정식으로 변환한다.

$$M\ddot{x}+C\dot{x}+\overline{K}x=\overline{K}y(t). \tag{12.3}$$

여기서 주기적인 가진함수 $y(t)$는 조화함수(harmonic function)로 주어진다.

$$y(t)=y_o+\sum_{i=1}^{\infty}y_i\cos(i\omega t-\varphi_i). \tag{10.4}$$

함수 $\overline{K}y(t)$는 조화주파수 $i\omega$를 갖는 그림 12.3의 입력힘 F_0가 되고 조화주파수를 갖는 전달행렬은 다음으로 유도된다.

$$\begin{Bmatrix} F_1 \\ U_1 \end{Bmatrix}=\begin{bmatrix} \alpha_{11} & \alpha_{12} \\ \alpha_{21} & \alpha_{22} \end{bmatrix}\begin{Bmatrix} F_0 \\ U_0 \end{Bmatrix}, \tag{12.5}$$

여기서

$$\alpha_{11}=1,\ \alpha_{12}=M(i\omega)^2,\ \alpha_{21}=-1/(\overline{K}+j(i\omega)C),\quad \alpha_{22}=1-M(i\omega)^2/(\overline{K}+j(i\omega)C),\ i=1,2,..$$

이 전달행렬을 헬리컬 기어에 적용한다. 헬리컬 기어는 축방향, 반경방향, 회전방향 가진을 하고, 축방향 가진은 회전방향 가진과 밀접하게 연관된다. 기어의 선형화된 운동방정식은 식 (10.3)으로 변환되었다.

$$m_e \ddot{x} + 2\xi_g \sqrt{m_e \bar{k}}\, \dot{x} + \bar{k} x = \bar{k} y(t). \tag{10.3}$$

헬리컬 기어의 축방향 가진을 위한 전달행렬은 조화주파수 성분을 갖는 식 (12.5) 전달행렬에 적용하고, 기초원 헬리컬 각을 곱하여 계산된다. 그러므로 축방향 힘과 변위는 다음 전달행렬로 얻어진다.

$$\begin{Bmatrix} F_1 \\ U_1 \end{Bmatrix} = \tan\beta_b \begin{bmatrix} \alpha_{11G} & \alpha_{12G} \\ \alpha_{21G} & \alpha_{22G} \end{bmatrix} \begin{Bmatrix} F_0 \\ U_0 \end{Bmatrix}, \tag{12.6}$$

여기서 β_b는 기초원의 헬리컬 각이며 $\alpha_{11G} = 1$, $\alpha_{12G} = m_e (i\omega)^2$,

$\alpha_{21G} = -1/\left(\bar{k} + 2j(i\omega)\xi_g \sqrt{m_e \bar{k}}\right)$, $\alpha_{22G} = 1 - m_e (i\omega)^2/\left(\bar{k} + 2j(i\omega)\xi_g \sqrt{m_e \bar{k}}\right)$, $i = 1,2,..$

12.3 헬리컬 기어계의 적용 (1,2)

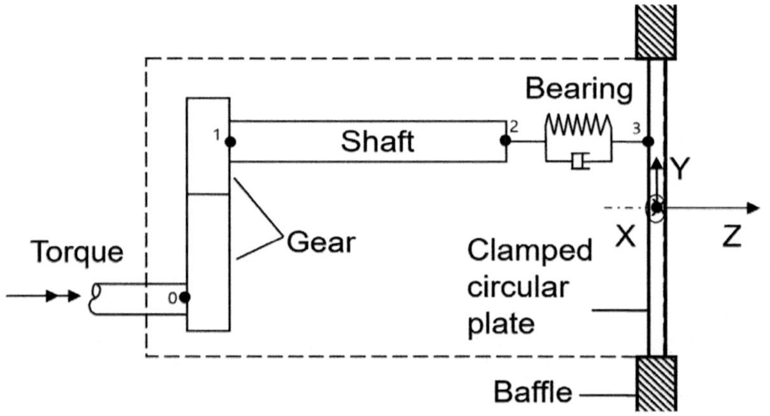

| 그림 12.3 | 기어-축-플레이트 계의 모델

그림 12.3은 이 해석에서 사용된 모델로, 헬리컬 기어의 축방향 가진이 축과 베어링을 거쳐 하우징으로 방사되는 모델이다. 축은 고정된 원형 플레이트와 축 중심에서 벗어나서 연결되어 있고, 구동 기어는 일정한 토크로 가진 되어진다. 기어는 일 자유도의 진동 시스템으로 모델링되고 축은 베르눌리 오일러 보, 베어링은 스프링-감쇠로 기어 하우징은 고정된 원형

플레이트로 모델링하였다.

헬리컬 기어의 축방향 가진은 회전방향 성분이 축방향 가진으로 전달된다고 가정한다. 이 축방향 가진은 축, 베어링으로 전달되어 최종적으로 플레이트로 전달된다. 이를 위하여 기어, 축, 베어링의 전달행렬을 사용하여 힘과 변위가 전달되어 최종적으로 면외 변위 진동과 음압이 계산된다. 축은 봉(rod)으로 모델링하고 베어링은 병렬의 스프링과 감쇠로 모델링한다. 이를 위한 전달행렬은 다음과 같다.

1) 봉 요소

봉은 하중을 축 방향으로 지지한다. z방향에서의 변위를 $w(z,t)$라고 하면 봉의 지배 방정식은 다음으로 주어진다.

$$\frac{\partial}{\partial z}\left[EA\frac{\partial w}{\partial z}\right]=\rho A\frac{\partial^2 w}{\partial t^2} \tag{12.7}$$

지배 방정식의 일반해에 변위와 힘을 적용하면, 상태벡터를 연결하는 2×2 전달행렬이 다음 식으로 얻어진다.

$$\begin{Bmatrix}F_2\\U_2\end{Bmatrix}=\begin{bmatrix}\alpha_{11S} & \alpha_{12S}\\ \alpha_{21S} & \alpha_{22S}\end{bmatrix}\begin{Bmatrix}F_1\\U_1\end{Bmatrix} \tag{12.8}$$

여기서 조화 주파수 성분을 가진 4단 요소는 다음으로 주어진다.

$\alpha_{11S}=\cos(ik_r l)$, $\alpha_{12S}=zi\omega\sin(ik_r l)$, $\alpha_{21S}=-\sin(ik_r l)/zi\omega$, $\alpha_{22S}=\cos(ik_r l)$, $i=1,2,\ldots$

$k_r=\omega\sqrt{\rho/E}$, $z=\sqrt{E\rho}\,A$.

2) 스프링 요소

베어링을 스프링 요소로 모델링 하였으므로 스프링 요소를 위한 조화주파수를 갖는 4단 전달행렬은 다음으로 주어진다.

$$\begin{Bmatrix}F_{3B}\\U_{3B}\end{Bmatrix}=\begin{bmatrix}\alpha_{11B} & \alpha_{12B}\\ \alpha_{21B} & \alpha_{22B}\end{bmatrix}\begin{Bmatrix}F_2\\U_2\end{Bmatrix} \tag{12.9}$$

$$\alpha_{11B}=1,\ \alpha_{12B}=0,\ \alpha_{21B}=-1/(K_B+j(i\omega)C_B),\ \alpha_{22B}=1.$$

헬리컬 기어의 축방향 가진은 축과 베어링이 축방향으로 연결되어 있는 있으므로 위치 3에서의 베어링 힘은 다음과 같이 전달행렬들의 곱으로 된다.

$$\begin{Bmatrix} F_{3B} \\ U_{3B} \end{Bmatrix} = \tan\beta_b \begin{bmatrix} \alpha_{11B}\alpha_{12B} \\ \alpha_{21B}\alpha_{22B} \end{bmatrix} \begin{bmatrix} \alpha_{11S}\alpha_{12S} \\ \alpha_{21S}\alpha_{22S} \end{bmatrix} \begin{bmatrix} \alpha_{11G}\alpha_{12G} \\ \alpha_{21G}\alpha_{22G} \end{bmatrix} \begin{Bmatrix} F_0 \\ U_0 \end{Bmatrix} = \begin{bmatrix} \alpha_{11}\,\alpha_{12} \\ \alpha_{21}\,\alpha_{22} \end{bmatrix} \begin{Bmatrix} F_0 \\ U_0 \end{Bmatrix} \tag{12.10}$$

힘이 일정하다면 주파수가 없는 다음과 같은 4단 요소로 유도된다.

$$\alpha_{11S} = 1,\ \alpha_{12S} = 0,\ \alpha_{21S} = -\,l/EA,\ \alpha_{22S} = 1,$$

$$\alpha_{11B} = 1,\ \alpha_{12B} = 0,\ \alpha_{21B} = -\,1/K_B,\ \alpha_{22B} = 1.$$

기어 하우징의 간단한 모델로(r_0, θ_0)위치에서 플레이트 힘 F_{3P}가 가해지는 배플(baffle)에 고정된 감쇠를 갖는 원형플레이트로 모델링한다. 조화주파수를 갖는 해 $w(r,\theta,t) = W(r,\theta)e^{j(i\omega)t}$가 원형플레이트의 지배방정식에 가해진 다면 스펙트럴(spectral) 해가 얻어진다. 수직 모드 식을 스펙트럴 식에 대입하고, 모드의 수직성(orthogonality)을 이용하면 각 조화주파수에서 플레이트의 면외 변위가 얻어진다. 모든 조화주파수를 고려하여 플레이트의 면외 변위는 다음으로 계산될 수 있다.

$$w(r,\theta,t) = \sum_{i=1}^{\infty}\sum_{m=0}^{\infty}\sum_{n=1}^{\infty} \frac{F_{3P}H_{mn}(\beta_{mn}r_o)H_{mn}(\beta_{mn}r)}{\varepsilon\pi a^2 D\Lambda_{mn}(\beta_{mn}^4 - \beta^4)} \times \cos(m\theta - m\theta_o)e^{j(i\omega)t} \tag{12.11}$$

여기서 $\Lambda_{mn} = J_m^2(\beta_{mn}a)$. if $m>0$, $\varepsilon=1$, if $m=0$, $\varepsilon=2$. m은 반경방향 노드이고 n은 원주방향 노드이다. $H_{mn}(\beta_{mn}r) = J_m(\beta_{mn}r) - \dfrac{J_m(\beta_{mn}a)}{I_m(\beta_{mn}a)} I_m(\beta_{mn}r)$, $\beta_{mn}^4 = (\omega_{mn}^2 ph)/D$, $\beta^4 = ((i\omega)^2 ph - j(i\omega)(C_p))/D$, $D = Eh^3/12(1-\nu^2)$.

플레이트 위치(r_0, θ_0)에서 플레이트 변위는 플레이트 힘과 다음 관계를 갖는다.

$$U_{3P} = W(r_o,\theta_o) = F_{3P}/K_P, \tag{12.12}$$

여기서 동적 조건일 때는 $1/K_P = \displaystyle\sum_{m=0}^{\infty}\sum_{n=1}^{\infty} \frac{\{H_{mn}(\beta_{mn}r_o)\}^2}{\varepsilon\pi a^2 D\Lambda_{mn}(\beta_{mn}^4 - \beta^4)}$ 정적 조건일 때는 $1/K_p = \dfrac{(a^2 - r_o^2)^2}{16\pi Da^2}$.

플레이트와 베어링은 위치 3에서 연결되어 있으므로, 힘과 변위의 연속 조건이 적용된다. 식(12.12)를 식 (12.10)으로 대입하면 입력 변위와 플레이트 힘과의 관계가 다음과 같이 얻어진다.

$$U_0 = \frac{\alpha_{21} - \alpha_{11}/K_P}{\alpha_{12}/K_P - \alpha_{22}} F_0, \tag{12.13a}$$

$$F_{3P} = \frac{\alpha_{11}\alpha_{22} - \alpha_{12}\alpha_{21}}{\alpha_{22} - \alpha_{12}/K_P} F_0. \tag{12.13b}$$

식 (12.13a)을 식 (12.6)으로 대입하면 축방향 축 힘이 얻어진다. 플레이트 힘의 식 (12.13b)는 플레이트 변위 계산을 위해 식 (12.11)에 대입한다.

12.4 헬리컬 기어계 조화 주파수를 가진 원형 플레이트의 음압[1,2]

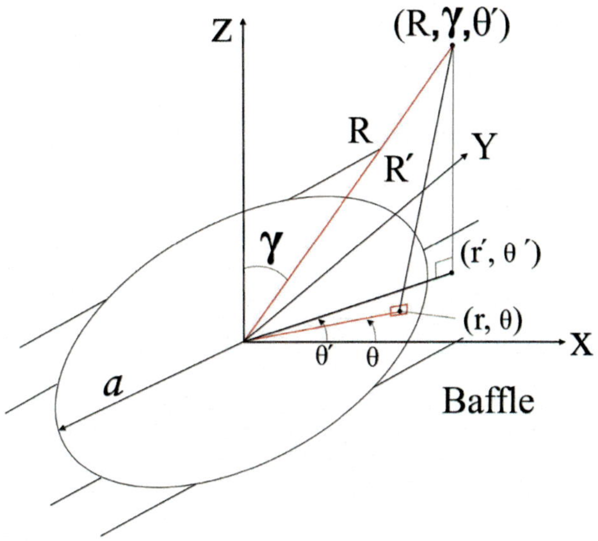

| 그림 12.4 | 플레이트 방사 소음을 위한 좌표계

고정된 원형 플레이트는 무한 배플(baffle)에 설치되어 있고, 축방향 맞물림 힘에 의한 플레이트 진동은 공기중에 소음을 방사한다. 음향 매질이 공기이므로, 공기의 질량 부하는 무시한다. 플레이트 진동에 기인한 음압을 유도하기 위해, 다음과 같은 레일리 적분(Rayleigh integral)을 사용한다.[3]

$$p(R,\gamma,\theta',t) = \frac{j\omega\rho_A}{2\pi} e^{j\omega t} \int_S \frac{v_n(r,\theta)e^{-jk_A R'}}{R'} dS(r,\theta), \tag{12.14}$$

여기서 그림 12.4와 같이 (R, γ, θ')는 구면좌표계이고 (r, θ)는 플레이트 면의 극좌표이다. 또한 $v_n(r, \theta)$는 플레이트 면의 수직 속도이며, 식 (12.11)을 미분하여 구한다.

플레이트 모드(m, n)에 의한 각 조화 주파수에서 음압은 원거리 음장 조건을 사용하여 유도된다. 원거리 음장에서 모든 조화 주파수에 의한 전체 음압은 다음으로 주어진다.

$$p(R,\gamma,\theta',t)= \sum_{i=1}^{\infty}\sum_{m=0}^{\infty}\sum_{n=1}^{\infty}\frac{F_{3P}H_{mn}(\beta_{mn}r_o)H_{mn}(\beta_{mn}r)}{\varepsilon\pi a^2 D\Lambda_{mn}(\beta_{mn}^4-\beta^4)}$$

$$\times\frac{j(i\omega)\rho_A}{2\pi}\cos(m\theta'-m\theta_o)\Delta e^{j(i\omega)t-jk_A R}, \tag{12.15}$$

여기서

$$\Delta = \int_0^1 H_m(\beta_{mn}r)J_m(k_A r\sin\gamma)(r/a)d(r/a).$$

12.5 기어 박스의 음향 해석 (4)

자동차변속기 등 대부분의 기어 박스는 경량화와 저소음화를 요구받고 있다. 기어 박스의 경량화는 경량화 재질을 사용하여 해결할 수 있고, 저소음화는 기어 박스에 리브를 배치하여 이루어질 수 있다. 통상 기어 박스의 리브는 고유진동수를 변경시키고, 진동레벨을 줄이는 진동 효과를 위해 사용된다. 진동 효과는 강성이 보강된 플레이트(stiffened plate)에 대해 많이 연구되었다. 플레이트의 1차 고유진동수 아래의 주파수에서 플레이트 강성이 증가되면 진동레벨은 줄이지만 음향방사효율은 더 증가한다. 리브의 부가로 인한 강성의 증가는 구조 음향 파수비를 변경시키고 방사 효율을 결정하여 최종 소음의 방사에 영향을 준다. Moyne등은 리브의 영향을 진동 효과, 소음원 효과(source effect), 소음 방해 효과(obstacle effect)로 나누었다. 또한 강성이 보강된 사각 플레이트에 실험적 조사로 리브의 소음원 효과와 소음 방해 효과가 중요할 수 있음을 보였다. (5)

12.6 래틀 소음 (6,7)

최근 저진동, 저소음의 차량의 소비자의 요구와 자동차에 대한 환경 규제의 강화는 자동차 개발의 중요한 문제가 되고 있다. 구동계는 다른 부분에 비해 진동, 소음과 연비 측면에서 중요한 부분이다. 또한 연비를 줄이고자 하는 노력의 일부로 플라이 휘일의 질량을 줄이는 것은 기존에 문제가 되지 않았던 기어 래틀의 증가 등 다른 진동, 소음 문제를 발생시키고 있다. 이와 같이 지속적인 연비의 향상은 앞으로도 기어 래틀 소음의 문제를 발생시킬 우려가 있다. 그러나 현재 기어 래틀 소음은 실험에 많은 부분에 의존하므로 많은 시간과 비용이 발생하고 있는 실정이다. 그러므로 설계 단계에서 이러한 래틀 소음의 예측하는 도구를 이용하여 많은 부분을 수정하면 변속기 개발에 시간과 비용을 획기적으로 줄일 수 있을 것이다.

자동차의 경우, 기어 래틀 진동소음은 수동 변속기를 장착한 차량에서 엔진의 입력 토크 변동에 기인한 비틀림 진동으로 인해 발생한다. 그러므로 가솔린 엔진 보다 엔진의 변동 성분이 더 큰 디젤엔진을 탑재한 차량에서 더 크게 발생한다. 래틀 진동 발생의 메커니즘은 차량의 정지, 기어 중립, 클러치 연결 시에 엔진의 입력 토크 변동에 의해 수동 변속기의 기어 맞물림에서 피동 기어계의 관성 토크가 부하 토크를 초과할 때 치의 분리 및 충격이 발생하고 반복된 진동 충격은 소음과 치의 동하중이 크게 발생한다. 또한 엔진 비틀림 진동을 줄이는 것은 연비와 배기가스문제와 갈등을 일으킬 수 있거나 중등급 기어 오일을 사용하는 것은 차가운 날씨에서 변속감 문제를 일으킬 수 있다. 이러한 것은 기어 래틀 소음을 피하기 위해 기존의 기어 배열을 유지하는 한편 변속감을 이루기 위해 고 비용의 신크로나이저로 새 변속기를 설계하도록 유도한다. 기어 래틀 소음을 줄이기 위해 dual mass flywheel, long travel clutch damper 등 입증된 수많은 기술이 있지만 비용의 증가, 무게, 다른 NVH 문제와 타협해야 한다. 그러므로 설계 단계에서 기어 래틀을 예측하는 해석 도구를 사용하는 것은 개발 기간을 줄이고 비용을 줄일 수 있게 해준다.

이러한 기어 래틀은 중립 래틀(neutral rattle)과 구동 래틀(drive rattle)로 나눌 수 있다. 중립 래틀은 변속기는 중립에 있고 클러치는 물려있는 상태에서 정지하고 있는 자동차의 아이들 상태에서 일어난다. 구동 래틀은 고 하중과 저속에서 구동 조건 하에서 하중을 받지 않고 있는 기어 맞물림에서 일어난다. 변속기는 이 현상으로 손상을 입지는 않지만 이 소음은 매우 불유쾌할 수 있다. 엔진에 의해 변속기 입력 축에 전달된 주기적인 각가속도는 기어치와 스플라인 치를 충돌하게 하여 소음을 일으킨다.

기어의 래틀 소음은 백래시를 포함한 10장의 진동 모델링으로 해석할 수 있다. 자동차의 경우 래틀 소음에 대해 언급하였고 그 밖의 산업 기어 박스는 백래시 모델을 포함한 적절한 입력 토크 모델링이 필요하다.

12.7 음향 민감도 해석 [8]

음향 민감도 해석은 소음저감을 위한 첫 번째 단계이다. 왜냐하면 어떤 설계 파라미터가 소음 저감에 효과적인지 결정하기 위해 큰 역할을 하기 때문이다. 음향 민감도 해석의 설계 목적함수는 음향 파워 또는 음압이 될 수 있다. 설계 파라미터는 치수, 속도, 주파수 등을 선택할 수 있다. 여기에서는 위에 기술한 소음 모델을 사용하여 음압을 목적함수로 하고 축 길이와 지름, 플레이트 두께를 설계 파라미터로 하는 음향 민감도 해석 예를 소개한다.

먼저 축지름 d와 길이 l의 음압의 설계 민감도 해석을 한다. 축지름 d와 길이 l은 식 (12.15)의 F_{3p}에 포함되어 있다. 축지름 d와 길이 l을 대표하는 설계 파라미터를 x라 하면 이에 대한 음압의 설계 민감도는 다음과 같이 $\partial p/\partial x$의 편미분을 계산하는 것이다.

$$\frac{\partial p}{\partial x}=\sum_{i=1}^{\infty}\sum_{m=0}^{\infty}\sum_{n=1}^{\infty}\frac{\partial F_{3P}}{\partial x}\frac{H_{mn}(\beta_{mn}r_o)}{\varepsilon\pi D\Lambda_{mn}(\beta_{mn}^4-\beta^4)}\times\frac{-j^m\rho_A(i\omega)^2}{R}\cos(m\theta'-m\theta_o)\Delta e^{j(i\omega)t-jk_AR}$$

여기서 $x=d,\ l.$ (12.16)

F_{3p}는 조합된 전달행렬로 이루어져 있지만, 축 전달행렬만 축지름 d와 길이 l에 대해 체인룰에 의해 미분하면 된다.

또한 플레이트 두께 h에 대한 음압의 민감도는 다음으로 구한다.

$$\frac{\partial p}{\partial h}=\sum_{i=1}^{\infty}\sum_{m=0}^{\infty}\sum_{n=1}^{\infty}\frac{\partial}{\partial h}\left[\frac{F_{3P}H_{mn}(\beta_{mn}r_o)}{\varepsilon\pi D\Lambda_{mn}(\beta_{mn}^4-\beta^4)}\times\frac{-j^m\rho_A(i\omega)^2}{R}\cos(m\theta'-m\theta_o)\Delta e^{j(i\omega)t-jk_AR}\right]$$

(12.17)

주파수에 따른 설계 민감도를 해석하면 그림 12.5로 나타내어진다. 축지름 20 mm, 축 길이 265 mm, 플레이트 두께 5 mm에 대해, 공진 주파수 186 Hz와 비공진 주파수 200 Hz에 대해 음향민감도를 해석하여 표 12.1에 나타내었다. 그 결과 축지름과 플레이트 두께가 음향 설계 민감도가 크고, 축길이는 설계 민감도가 작았다.

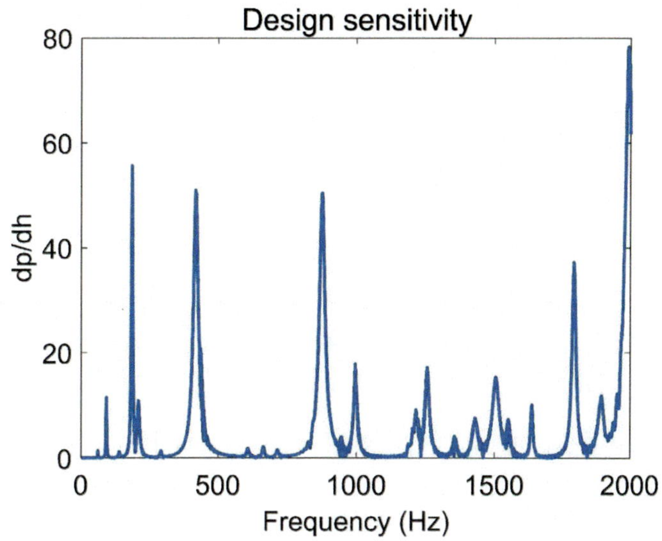

| 그림 12.5 | 플레이트 두께에 대한 음향 민감도

[표 12.1] 설계 파라미터에 의한 음향 설계 민감도

	186 Hz	200 Hz
d = 20 mm	54.09(48.56%)	2.37(63.2%)
L= 265 mm	2.11(1.89%)	0.09(2.4%)
h = 5 mm	55.19(49.55%)	1.29(34.4%)

참고문헌

[1] Park, C.I., 2021, Transfer matrix of parametric excited system for noise and vibration analyses of helical gear system, Journal of Mechanical Science and Technology 35(11), pp.4889-4896.

[2] Park, C.I., 2015, Characteristics of noise generated by axial excitation of helical gears in shaft-bearing-plate system, Journal of Mechanical Science and Technology, 29(4), pp.1571-1579.

[3] Fahy, F., and Gardonio, P. 2007, Sound and Structural Vibration, 2nd ed. Elsevier, Amsterdam.

[4] 박찬일, 2017, 원통쉘형 기어박스의 경량화 및 소음저감을 위한 재질변경 및 리브 효과, 한국소음진동공학회 논문집, 27(6), pp.776-783.

[5] Moyne, S. L., and Tebec, J. L., 2002, Ribs effects in acoustic radiation of a gearbox-their modelling in a boundary element method, Applied Acoustics, 63, pp.223-233.

[6] 박찬일, 2010, 토크 변동에 의한 백래시를 가진 헬리컬 기어의 비선형 동적해석, 한국소음진동공학회 논문집, 20(7), pp.677-684.

[7] Park, C.I., 2011, Impact noise from the shaft-bearing-plate due to the axial excitation of helical gears, Proc. of the ASME IDETC/CIE 2011, Washington, DC, USA, DETC2011-47427.

[8] Park, C.I.,2022, Noise characteristics and acoustic design sensitivity of the helical gear system in the wind turbine load, Journal of Mechanical Science and Technology 36(12), pp.5915-5924.